湛庐 CHEERS

与最聪明的人共同进化

HERE COMES EVERYBODY

U0820715

CHEERS
湛庐

做个
情绪稳定的
成年人

[日]饭山晄朗 著
唐燕 译

百年
メンタル

浙江科学技术出版社·杭州

测一测

如何建立强大而稳定的内核？

扫码加入书架
领取阅读激励

扫码获取全部
测试题及答案，
一起掌握情绪稳定的秘诀

- 在考试或者比赛前要多暗示自己“必须拿到第一名”“必须赢”，这是有效的自我激励法吗？

  A. 是

  B. 否

- 为了保持好的状态，应该一直坚持追求正向思考，持续关注事物的积极一面，这是对的吗？

  A. 对

  B. 错

- 感觉自己的心情开始变得不好时，应该如何应对？（单选题）

  A. 立刻表达不满，释放压力

  B. 强迫自己忽略或者遗忘

  C. 做开心的事，转移注意力

  D. 改变“措辞”，让状态稳步好转

扫描左侧二维码查看本书更多测试题

人这一辈子，最重要就是三件事：学做人，学做事，学说话。此书通过改变对自己和对他人的说话方式，让人更积极且平和地做人、做事，进而不仅获得外在的成功，更能拥有内在的安定。

朱岩梅

香港中文大学（深圳）公共政策学院副院长

《做个情绪稳定的成年人》是一本深入浅出、极具实操价值的心理成长读物。作者饭山晓朗凭借其丰富的心理辅导经验，以及对奥运选手等顶尖运动员的指导实践，为我们揭示了情绪管理的核心秘密。书中不仅阐释了情绪波动背后的脑科学原理，更提供了具体而微的方法，教导我们如何通过改变日常的语言表达来调整和优化自己的情绪状态。

书中特别强调了积极语言的力量，指出我们的措辞方式直接关联着内心感受与行为模式。作者通过具体的例子和练习，引导读者识别并转换消极语言，培养积极、稳定的心态。这种转变不仅能够提升个人的心理健康，更能在职场和生活中产生积极的连锁反应。

作为一名长期在销售和管理领域工作和培训的老兵，我深知情绪稳定对于大客户销售、谈判、领导力和团队协作的重要性。《做个情绪稳定的成年人》不仅为个人发展提供了宝贵的指导，也为管理和团队建设提供了有效的工具。我极力推荐这本书给所有追求卓越成就、渴望内心平和的读者。

张坚

思科中国区原副总裁、中国惠普政府事业部原总经理

前 言

赢得“内心的稳定”

对未来感到不安，内心难以平静。

人际压力太大导致情绪不稳定。

最近，常有人就这些方面向我咨询。

要想摆脱以上这些精神方面的压力，关键在于**“控制自己的情绪”。**

我有 15 年的心理辅导经验，迄今为止与 2 万多人就心理咨询有过往来，用基于脑科学和心理学的训练方法帮很多人改善了精神状况。

提到心理训练，许多人误以为其目的是“让内心变强大”，但其实不是的。

在我所从事的心理训练领域，最重要的是“控制情绪”，让受训者**“内心稳定”**是首要目标。下面两幅图分别代表情绪波动时候和稳定的心理状态下的情绪高低走势图。

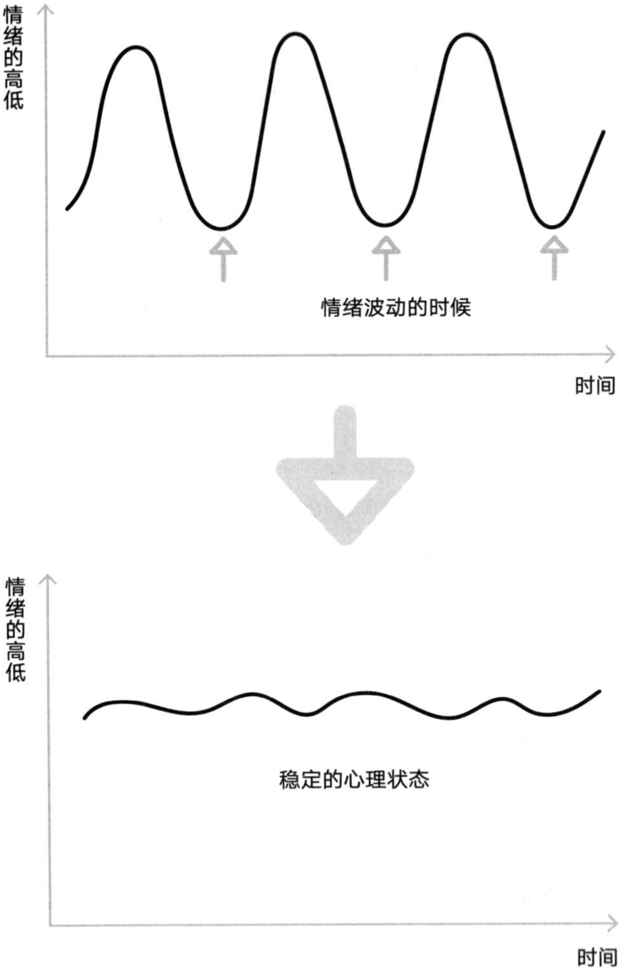
情绪的高低
情绪波动的时候
时间
情绪的高低
稳定的心理状态
时间

在某些情况下，当你感到压力过大，情绪越来越不好时，要控制住自己的情绪，引导其往好的方向发展。

结果是好是坏，取决于你是否了解如何控制情绪，以及是否能在此基础上不断地进行训练，真正控制住自己的情绪。

只需做到这些就足够了。这其实是任何人都可以做到的事情，只不过，人们往往会形容那些成功做到这一点的人，“内心很强大”“心理素质好”。

我追求的目标是**“自我心理控制”**。那么，用什么样的方法能够取悦自己的内心呢？在本书中，我将毫无保留地教给大家。

每个人都有心情沮丧的时候，任何人在遇到不开心的事情时都会情绪低落，尽快摆脱这种坏情绪才是问题的关键。也就是说，要重新启动情绪的开关，继续前进。

因此，我希望能从强化内心的角度，帮助你们形成一个不浮躁、不动摇的稳定的心理状态。

无论是体育界，还是公司里，能力差不多，结果却完全不同的事情并不少见。其中，**“心态差异”**是一个重要原因。

在 2021 年 7 月举办的东京 2020 年奥运会中，这样的情况也非常突出。最有夺冠希望的几名选手，由于内心承受着巨大的压力且怀揣着“义务感”，连续出现失误，最终无缘奖牌。

而那些不受周围环境影响，像平时一样正常发挥的和那些沉着冷静、微笑着发起挑战的选手，则出乎意料地获得了奖牌。这样的瞬间有很多。

而且，这次奥运会是在新冠疫情还没有结束的情况下举办的，因此也有着各种各样的变化。

其中一个就是参赛选手们说出了不少“感谢”和“很难得”之类的话语，表达出自己对于在这种非常状况下还可以参加比赛的感激之情。

不仅奥运会上是如此，最近我们从运动员那里听到了越来越多表达感谢和表达开心的话语。显然，这与 10 年前有很大的不同。

我感觉我们已经从过去那种提倡“努力”“反思”的文化，逐渐向“以自己的方式”“快乐地进步”而转变了。

我觉得，这才是我们这个时代所需要的心理状态。

在这次东京奥运会中，有两位选手在精神层面特别具有代表意义。

一位是全新竞技项目男子滑板的运动员堀米雄斗，他华丽地逆袭为第一代王者。堀米的亮眼之处在于打破了以往人们对日本运动员“善于忍耐”和“土里土气”的认知。但这并不意味着他不够努力，从幼年开始，和父亲一起观看运动录像就是他每天的必修课，到十几岁的时候，堀米已经成为日本国内的顶级选手。高中毕业后他去了美国，活跃于世界顶级联赛，成为一名受世界级公司赞助的职业滑板运动员。

堀米本人曾说过：**“我做这件事，不是因为我不得不做，而是因为我喜欢，所以能把它做好。”**

这番话让我想起了曾经效力于美国职业棒球大联盟[①]的铃木一郎先生。据说他从上小学的时候开始就每天和父亲一起去击球中心训练，但他并不是被父亲强迫着去的，而是因为自己想做所以才去做。堀米选手和一郎先生的内心，都不存在“义务感”这个东西。

我要提到的第二位选手是在女子羽量级拳击比赛中获得女子首枚金牌的入江圣奈选手。入江选手带着满脸笑容上场比赛的那一幕成为人们热议的话题。她的心理也浓缩在自己所说的那句**“还是打拳击快乐”**中。“我完全不记得是怎么回事了……等回过神来时发现金牌已经挂在了自己脖子上”，能达到如此专注的状态，就是因为她有着这样一种“快乐”的心情。参加比赛并取得胜利也是快乐的心情让自己的注意力集中在运动场上的结果。

那些成就伟业的人们的“精神”就来自这里吧！

在心理训练中很重要的一点就是**当心情即将变得不好时如何应对**。那么，应该用什么方法呢？

我在多年的心理辅导中总结出的确切答案是，如果你能够改变**“措辞”**，心理状态将会稳步好转。

实际上，在此之前，通过对“措辞”的全面改变，我的来访者已经取得了一系列的成就，包括获得奥运金牌、进入甲子园决赛以及全国技能奥林匹克连续两年夺冠等。

---

① 北美地区最高水平的职业棒球联赛。——编者注

需要改变措辞的例子如：

1

当事情没有按照自己的意愿发展时，我们往往会使用“必须……”的表达方式。其实，它是消极语言，会让人被义务感压垮。

2

当我们在一件事情上失败了，可能会感叹“为什么失败了”。这同样是消极语言，会让人更加容易失败，陷入恶性循环。

那么，应该如何改变呢？

本书主要介绍**如何从“消极语言”转换到引导人们心理保持稳定状态的“积极语言”**。全书分为五章，分别对应着获得内心稳定的五个关键因素。

具体内容将在各章为您介绍。

此外，在尾声里还有一些需要您参与的内容。

本书所传达的内容并不是仅供阅读而已，它可以运用到我们的实践中。写出来是很关键的一步，这也是我在进行心理辅导时必不可少的环节。

为了能够顺利付诸实践，请一定要尝试去挑战。

书中提到的所有方法，都是从顶尖运动员和企业家亲身实践过的、真实有效的方法中严格筛选出来的。

其中更是对一些值得永久保存的内容做了摘录记载，以帮助各位读者更好地进行实践。

本书的内容是基于脑科学及心理学的相关理论，但为了帮助读者更好地理解，我在写作过程中尽量不使用晦涩难懂的语言。

希望各位在自己的一生中都能保有一个**“不浮躁、不动摇”**的心理状态。

希望本书能够帮助到更多想要获得理想成果的人。

目 录

前 言　赢得“内心的稳定”

序 章　控制情绪的七大原则 /001

01　比起思维，大脑更相信语言　/004
02　大脑记住的是最后的部分　/006
03　令人兴奋的事情才能持续做下去　/008
04　大脑无法对现实和想象做出区分　/010
05　提前做最坏的打算，情绪不容易崩溃　/012
06　看到开心的人，自己也会变得“愉快”　/014
07　感谢的力量是无穷的　/016

第1章 不要否定自己
关于自我肯定感的积极语言和消极语言 /019

01
× “必须……”
○ “努力……吧” /022

02
× 睡前反思“我做得不好”
○ 睡前思索“那件事我做到了” /025

03
× “我可差远了”
○ “正是因为……我才……” /028

04
× “不好意思”
○ “谢谢” /031

05
× “那个人这方面很差”
○ “那个人这方面很厉害” /034

06
× “反正做不到”
○ “反正做不到……刚才说的不算数” /037

07
× “都是他不好！”
○ “也许是他不好，但如果换作他的立场呢？” /040

08
× “为什么会失败？”
○ “怎么做才能成功？” /043

09
× “自己的短处是什么？”
○ “自己的长处是什么？” /046

10 ×“太糟糕了！”
○“值得肯定！” /049

11 ×“没有让人感动的事情”
○“尝试着超越一点点” /052

第2章 不要一味蛮干
关于干劲的积极语言和消极语言 /055

12 ×“想做……”
○“去做……” /058

13 ×“总之要积极努力”
○“成为独一无二的No.1” /061

14 ×只考虑“要怎么做”
○需思考“为什么要做” /064

15 ×视线向下
○视线向前 /066

16 ×“安于现状很舒服”
○“安于现状不做改变的话，将来会怎样” /069

17 ×“所处环境很糟糕”
○“改变对所处环境的看法吧” /072

18 × “轻松的路和辛苦的路，选哪条”
○ “选那条能让自己成长的路” /075

19 × “想做的事情一个人偷偷去做”
○ “想做的事情要发出信号，高调去做” /078

20 × 遇到困难时：“怎么会这样？”
○ 遇到困难时：“我很兴奋！” /081

第3章 不要迷失方向
关于目标的积极语言和消极语言 /085

21 × “梦想非实现不可”
○ “梦想会让人生变得快乐充实” /088

22 × “只为自己而做”
○ “为某个人而做” /091

23 × “设定目标就满足了”
○ “想象一下达成目标后的样子” /094

24 × “我不做也行吧”
○ “我必须要做” /097

25 × “我是不是该随大流呢”
○ “我要率先去做” /099

26 × 只考虑愿望
○ 制定几个一年内的小目标 /102

27 × “只重视结果”
○ “应注重眼前小事的积累” /104

28 × “不达完美誓不罢休”
○ “也留一些余地吧” /106

29 × “这个也要做，那个也要做”
○ “专注于一件事吧” /109

30 × 感叹“没有时间”
○ 计算“需要花费多长时间” /112

31 × “大致”描绘一下目标的推进进度
○ 把为目标所做的努力详细记录下来 /115

第4章 在决定胜负的关键场合不要急躁
关于实战的积极语言和消极语言 /119

32 × “讲点迷信”
○ “执行惯例” /122

33 × “一直保持积极的状态”
○ “也要做好最坏的打算” /125

34 × 强烈要求自己“不要紧张”
○ 慢慢地呼吸 /128

35 × 强制自己放松下来
○ 先用力，再一口气脱力 /131

36 × “直接上场迎接挑战”
○ “正式上场前，先进行一次成功的演练吧” /133

37 × 不在意实战当天的言行
○ 实战当天，从早上就开始注意自己的言行 /136

38 × 回想以前的失败
○ 想象未来的成功 /139

39 × “不能做……”
○ “去做……吧” /142

第5章 不要被他人的言行所左右
关于人际关系的积极语言和消极语言 /145

40 × 刻意远离讨厌的人，“太难对付了”
○ 将讨厌的人当作“稀有动物”来看待 /148

41 × 加入“嚼舌根”的圈子
○ 远离“嚼舌根”的圈子 /151

42 ✕ 一言不合就翻脸
○ 停顿片刻，深呼吸 /154

43 ✕ 我就是我，“任性”地做自己
○ 对家人和周围的人怀有一颗“感恩的心” /156

44 ✕ “应该……”
○ “人是不会改变的” /159

45 ✕ “把压力释放出来吧”
○ “准备一些能让自己放松的事情” /162

46 ✕ 批评苛责他人
○ 相信人的“可能性” /164

尾 声 写下你的情绪稳定与平和 /167

结 语 保有一生的力量 /183

序　章

控制情绪的七大原则

聊一聊控制人类情绪的大脑

首先，我将从心理学和脑科学的角度来介绍“情绪管理的大原则”，希望你能在阅读本书前记下来。

无论是对顶尖运动员，还是对普通的父母、孩子进行心理辅导，我都会说到这些原则。

这其中，有七大原则尤为重要。

具体的事例我会在之后的文中阐述，在这里先简单介绍一下人类情绪管理的机制。

其中会涉及一些专业知识。如果你希望快速了解更加实用的内容，可以直接从第 1 章开始阅读。

情绪管理的七大原则

1 比起思维，大脑更相信语言

2 大脑记住的是最后的部分

3 令人兴奋的事情才能持续做下去

4 大脑无法对现实和想象做出区分

5 提前做最坏的打算，情绪不容易崩溃

6 看到开心的人，自己也会变得“愉快”

7 感谢的力量是无穷的

01

比起思维，大脑更相信语言

大脑的特性是，与思维相比，它更相信语言。

大脑会将你过去说过的话连同当时的情景一起刻进记忆里。

当你说出“痛苦”二字并皱起眉头时，大脑就会在记忆中检索出你以前说出“痛苦”二字时的记忆数据。

当你大喊“太好了”并露出笑脸时，大脑同样会在记忆中检索出你以前说“太好了”时的记忆数据。

大脑会根据你说出的话语来检索记忆数据，然后将相应的情绪激发出来。

因此，如果想要改变思维，不要试图改变思维本身，而应改变自己所使用的语言，这一点非常重要。说出来的语言不同，思维也会随之产生或积极或消极的变化。

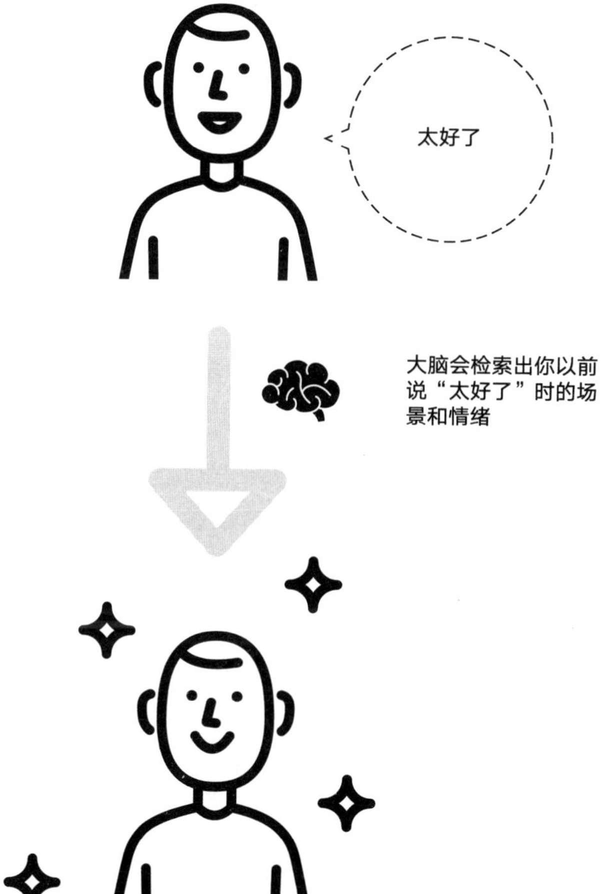

如果过去与之相关的记忆是美好的，就能产生积极的变化。

02

大脑记住的是最后的部分

大脑中的记忆会被覆盖。

当你传输了积极的数据之后，如果继续传输消极的数据，之前的积极数据就会被消极数据覆盖。

语言也是如此，大脑会对你最后说的话记忆深刻。

例如，你说了“我要做”之后，大脑记住的就是“我要做”。

而如果你说“我要做。但是，好难啊”，大脑记住的就是“难”。

印象也是如此。大脑总是会记住最后的印象。

例如，如果你在睡觉前想的是不好的事情，那么即使当天也发生了好事，大脑最后记住的也是不好的事。

因此，最后使用的语言以及最后留下的印象至关重要，它会对我们的心理产生深刻的影响。

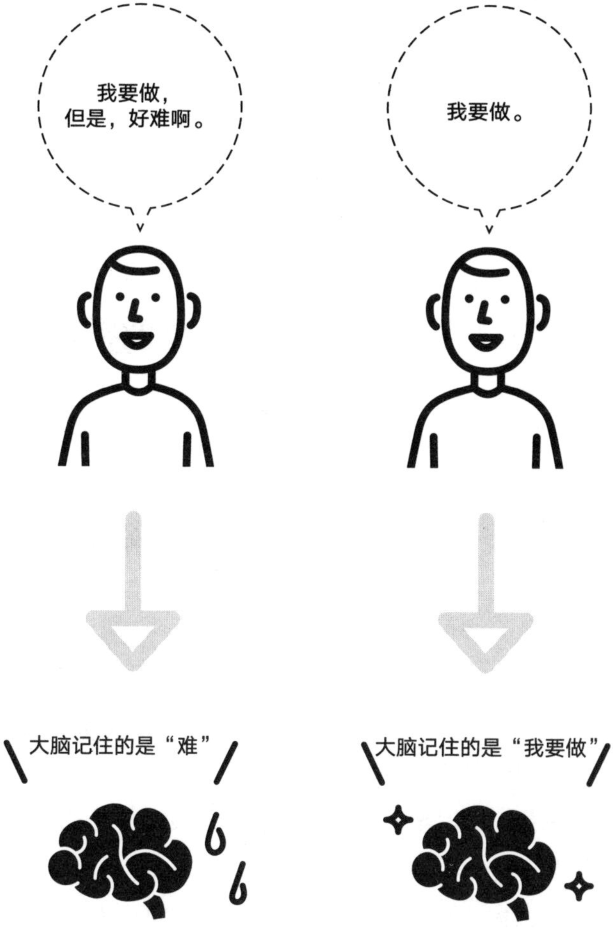
我要做，
但是，好难啊。
我要做。
大脑记住的是“难”
大脑记住的是“我要做”

03

令人兴奋的事情才能持续做下去

生活中有时会出现这样的情况：明知应该去做某件事，却不知为何就是提不起干劲，无法集中注意力去做。这是因为你的大脑没有兴奋起来。

当一个人有强烈欲望去完成某件事时，在做这件事的过程中，大脑会分泌出一种叫“多巴胺”的化学物质，它能让人感到快乐。这种物质常被称为奖励激素，是我们坚持工作或学习所必需的物质，它可以让人精神饱满，能量充沛。

人的干劲受多巴胺分泌量的影响。分泌的多巴胺越多，就越能保持干劲十足的状态。

大脑会根据“兴奋与否”而非“应该与否”来分泌多巴胺，这又进一步决定了我们能不能鼓足干劲去做某件事。

因此，要找到让自己感到兴奋或愉悦的事物和目标，才能保持十足的干劲。

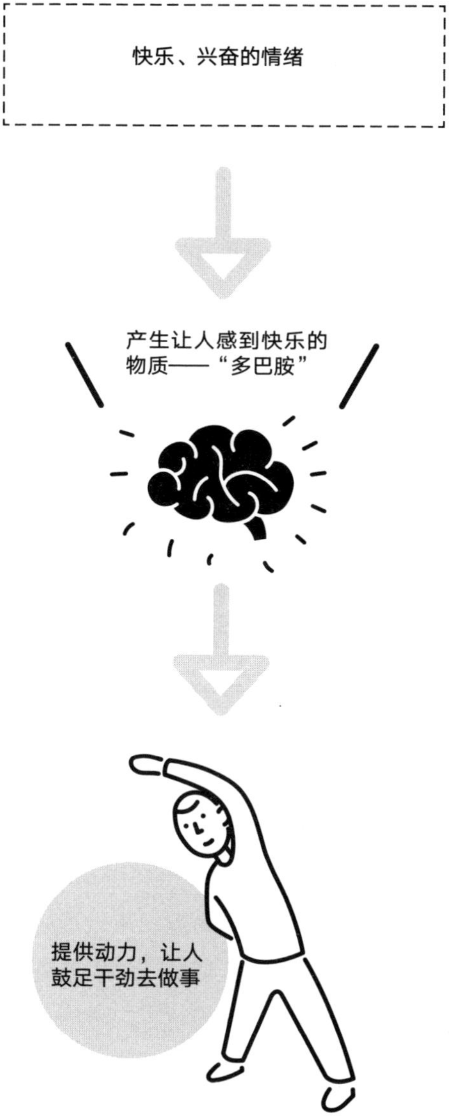
快乐、兴奋的情绪
产生让人感到快乐的
物质——“多巴胺”
提供动力，让人
鼓足干劲去做事

04

大脑无法对现实和想象做出区分

大脑无法明确区分现实和想象。

也就是说，大脑会把“实际完成的事情”和“想象中完成的事情”当作同一件事。当你打算采取某项行动的时候，大脑必然会先产生与之相关的想象。

以坐到椅子上这件事为例，大脑会无意识地先想象出“坐在椅子上”的情景，然后身体会按照这个想象做出相应的行动。流程如下：欲采取行动→转换为想象→将想象的内容传输到大脑。同样地，大脑也会把实际情况作为想象来处理。因此，即使是现实中没有发生的事情，只要大胆想象，也能改写记忆。这就是运动员和企业家重视想象训练的原因。

因此，我们应重视想象的力量。能创造出什么样的想象，就可能会创造出什么样的现实。

无法区分
现实和想象
想象
现实

05

提前做最坏的打算，情绪不容易崩溃

大脑中有一个名叫“杏仁核”的部位。它负责产生情绪、识别情绪并调节情绪，也决定了人愉快与否。如果事遂人愿、一切顺利，它就切换到“愉快”模式，大脑也会朝着好的方面去想。反之，如果事与愿违、进展不利，它就切换到“不愉快”模式，大脑也会往不好的方面去想。

提前做最坏的打算，目的就是在糟糕情况出现时抑制“不愉快”的情绪，把“不愉快”转化为“愉快”。

积极的想法固然重要，但并不用时刻保持积极的状态。

因为，如果我们只预期好的结果，那么，当出现困难或事情进展不顺利时，就很容易产生消极的想法。

那么不妨学着去预测最坏的情况，然后制定相应的对策。这一点很重要。当你做了最坏的打算之后，无论遇到多么糟糕的情况，也能以平常心淡然处之，不过是告诉自己“果然还是来了”。

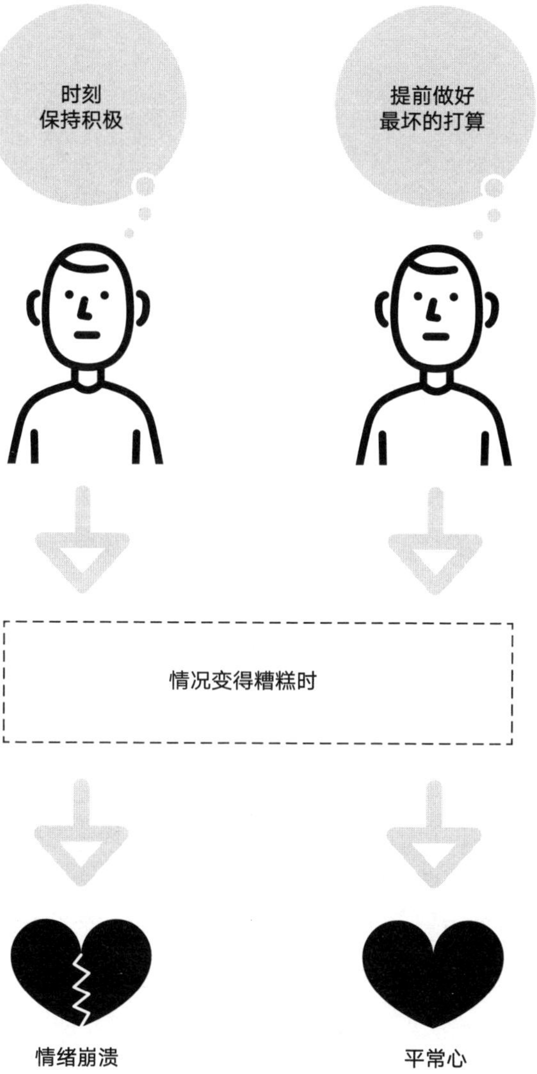
时刻
保持积极
提前做好
最坏的打算
情况变得糟糕时
情绪崩溃
平常心

06

看到开心的人，自己也会变得“愉快”

我在前文提过，大脑会提取过去的记忆数据，进而激发出某种情绪。

然而，对于那些没有什么成功经历的人而言，即使说着积极的语言，也无法产生相应的积极情绪。

这是因为，拥有成功经历的人，在说出积极语言时，大脑可以检索出曾经的记忆数据，进而产生积极情绪。而那些没有成功经历的人相应的记忆数据就较少，单纯依靠语言很难改变情绪。

所以，想要激发积极情绪，除了依靠语言之外，进行想象训练也是非常重要的。在想象训练中，一种有效的方法是“看到开心的人”。运用这一方法，即使不借助语言，也能使大脑产生愉悦感。

很多顶尖运动员就擅长运用上述方法，通过想象身边人或者重要的人开心的样子，使自己达到“愉快”的状态，切换情绪开关。

即使缺乏成功的经历，
也可以通过想象“开心的人”，让大脑变得愉快。

07

感谢的力量是无穷的

我们都知道，通过表达感谢，大脑会产生一种叫“内啡肽”的物质。这种物质又被称作脑内麻药，具有镇痛效果。

在跑步或其他锻炼活动中，运动者会出现一种被称为“跑步者高潮”的状态，有种说法是这种状态的出现正是因为内啡肽的分泌。即使筋疲力尽，随着内啡肽的流动，心情也会变得轻松。

向别人表达感谢，同样能够催生内啡肽。

虽然我们无法自由控制脑内物质的产生，但可以通过自己的方式来表达感谢，达到产生内啡肽的效果。

人们都知道表达感谢的重要性，但从上述内容来看，表达感谢还有更重要的作用。

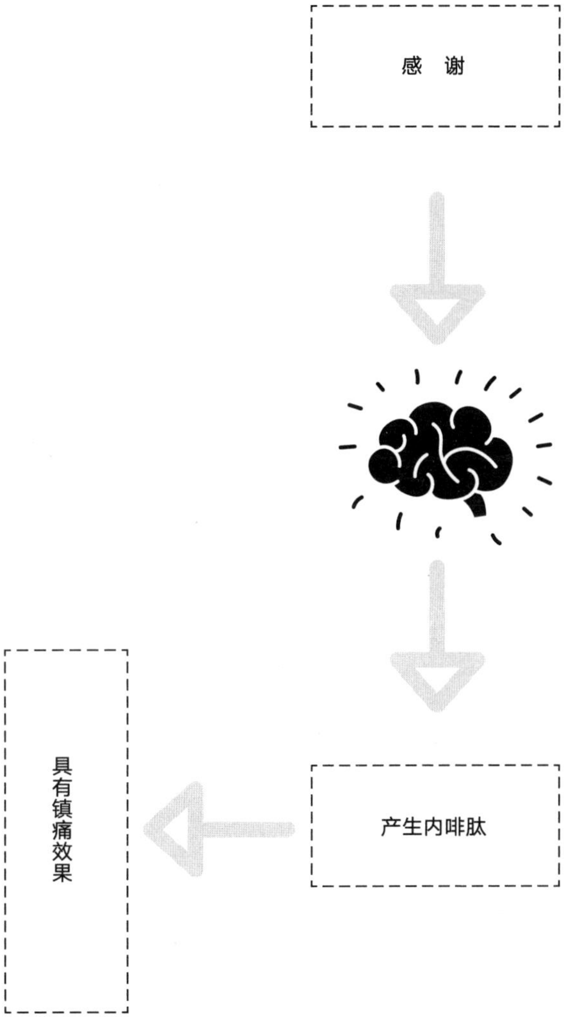
感　谢
产生内啡肽
具有镇痛效果

第 1 章

不要否定自己

关于自我肯定感的
积极语言和消极语言

摆脱“只关注自己做不到的事情”的习惯

一位初中校长来向我咨询:“自我肯定感低的学生越来越多了。”

近年来，在校园里，如何提高自我肯定感的话题得到了很大的关注。

“我可能做不到”“我可能不行”，人们会出现这种自我肯定感降低现象的一大原因是，那些曾经“做不到”的经历深深刻在了脑海中。如此一来，人们就经常把事情往坏处想，心理状态很难变得积极。

要想保持住自我肯定感，需要记住一个原则，那就是“不要只关注自身以及事物的负面，要试着把视角转向正面”。

举个例子，想象一个装了半杯水的杯子，如果你觉得“只有半杯水”，说明你看到的是没有水的那一半。但如果你觉得“还剩半杯水”，则说明你看到的是有水的那一半。

对同一事物，关注的视角不同，表达方式也会产生变化。

试着将用正向视角看待事物的方式套用到自己身上，也套用到与别人的交往上。这样做，自我肯定感就会慢慢受到影响。不过，话虽如此，实际做起来可能还是比较难的。

首先，不要将注意力放在“做不到的事情”上。对那些自己做不到的事情，果断地说出“我做不到”。这一点十分重要。

在本章中，我将教你运用与自我肯定感相关的积极语言来调整心态的实用方法。让我们先从小事开始做起吧。

01

○

“努力……吧”

×

“必须……”

"必须……"会给大脑很大的压力

"必须完成额度""必须赢得比赛"等使用"必须……"结构的语言表达方式在日常生活中很常见。

这种表达方式乍一看像是积极语言，但实际上，**这种表达传输给大脑的是"义务感"和压力，反而会成为把自己逼上绝路的消极语言。**大脑感受到过多的压力，就会让你对事物失去热情。

因此，试着将"必须……"改为"努力……吧"。

例如把"必须赢得比赛"换成"努力赢得比赛吧"。有些对比赛获胜充满期待的运动员个人和团队被义务感压垮，最终出乎意料地输掉了比赛，其原因就在于给了自己太大压力。

另外，说"努力……吧"的时候，**记得要用轻松愉快的语气去说**，这一点也很重要。句尾最好有音乐一样的轻快语调。轻松愉快地讲话，会让大脑将你说出的话当作积极语言，而且，还能使你回想起过去说“努力……吧”时的兴奋经历，从而帮助你更好地发挥出自己的能力。

请多多使用那些能让你从压力和义务感中解放出来的语言，去“哄骗”自己的大脑吧。

02

睡前思索“那件事我做到了”

睡前反思“我做得不好”

大脑会重复临睡前的感觉

大脑有一项功能，那就是当人进入睡眠状态后，它会重现当天发生过的事情。

如果你整整一天都沉浸在负面情绪中，一直持续到临睡前，那么**即便在睡眠中，你的大脑也会一遍又一遍地重复那些令人不愉快的事情，**相当于在反复进行负面想象训练。这会导致自我肯定感大幅下降。

当你遇到不开心的事时，不妨运用前文提到过的大脑会对最后的话语或情景印象深刻的特质来解决情绪问题。即使这一整天遭遇了各种不好的事情，**只要你在临睡前在脑海中加强对积极想法的印象，大脑就能将它作为积极记忆数据牢牢记下来。**

如果你能养成睡前进行积极思考的习惯，比如想一想今天做成的事，哪件事进展顺利，哪怕只有一点点，也能让你受益匪浅。做成的事情一点点重复累积，你就会做得越来越好，形成良性循环。

万一遇到一个诸事不顺的日子，在大脑中想象出一个“明天早早起床，积极行动的自己”，也不失为很好的办法。也可以试着描绘出一个跨越黑暗之后的光明未来，比如“在疫情后，我能做到这些”。

在睡前这段“**大脑的黄金时间**”里描绘愿景，憧憬未来，日复一日地坚持下去，你将会遇到更好的自己。

03

○

“正是因为……
我才……”

×

“我可差远了”

“差远了”这个词会给自己设限

“和那个人相比，我可差远了”“没什么能力的我，简直差远了”，你是否有这种贬低自己的习惯呢？

从某种意义上说，上述表达里所包含的谦虚是值得肯定的，但是，“我简直差远了”的说法向大脑传输了消极的信息，如果频繁使用的话就会限制自己的潜力。

因此，我希望你**改掉“我简直差远了”的表达习惯，而改为用“正是因为……我才……”**的思维。

举个例子，当你因太过在意他人的目光而烦恼时，不妨试着加入“正是因为”的思考，将其进一步理解为“我很在意他人的目光，正是因为如此，才能冷静地观察周围的人”，这样一来，你就能在“在意他人目光”这一消极习惯中，找到“善于察言观色”的积极一面。

能成就大事的人往往都有将自己的缺点转化为优势的能力。持续失败或持续出错时，人往往会关注到自己身上的缺点，从而失去信心。但从刚才的例子不难看出，通过转换视角，就能从“消极”中发现“积极”，由“消极”变“积极”，帮助自己建立信心。

04

○

"谢谢"

×

"不好意思"

当你说“谢谢”时，身体会无意识地释放出幸福激素

“不好意思”这个词在需要道歉的场合使用当然没错，但有的人明明没有犯错，却**条件反射般地习惯因为一些微不足道的小事而说“不好意思”，就像口头禅一样**。

例如，当你向他人求助时，是否会说一句“不好意思”呢？比如在电梯里请别人帮你按一下按钮，或者向上级寻求建议时，总觉得自己给别人添了麻烦，因此会不自觉地说“不好意思”。

对于这种情况，我们可以有意识地去改变，用“谢谢”来代替“不好意思”。

虽然只是一件小事，但这种微小的转变非常重要。当一个人说“谢谢”和其他表达感谢的话语时，**大脑会分泌出多巴胺和内啡肽**，这两种激素释放出来之后，大脑会产生愉悦的反应，进入积极的状态。这样一来，我们就能在不经意间表现得更加出色。

不断重复表达感谢的话语，也在不知不觉中提高了我们的自我肯定感。

日常生活中，随处都能找到值得我们去表达感谢的事情。所以在平时可以有意识地去改变自己的表达习惯。当请求别人帮自己做什么事时，记得用“谢谢”代替“不好意思”。

05

○

“那个人这方面很厉害”

×

“那个人这方面很差”

大脑无法识别主语

人的意识其实无法识别主语。因此，说别人坏话，也就等于在向自己的大脑传达关于自己的负面信息。

例如，我们说“那家伙很差”“某人脑子很笨”时，**大脑记住的是“（我）很差”“（我）很笨”**，结果反而导致我们自己向着话语中所说的方向变化。

说同事、前辈坏话的行为，既是在挑别人的毛病，也是在向自己的大脑传递不愉快的印象。反之，称赞别人的行为，既是在发掘他人的闪光点，也是给自己的大脑传递愉快的信息。

当你称赞“那个人很厉害”时，大脑就感觉你是在说“我很厉害”一样，于是我们自身的自我肯定感也在不断提升。

有时候，我们自己的状态和情绪都不好，做不到真心实意地称赞别人。每当这时，我希望你能想起大脑的上述性质，尽力用语言和态度将你对他人的称赞表达出来。

大脑会将你对他人的评价理解为你对自己的评价。称赞他人，对自己也有好处。

06

“反正做不到……刚才说的不算数”

“反正做不到”

大脑会牢牢记住语言的最后部分

你是不是也说过“反正做不到……”“坚持不下去”之类的话呢？

我们都知道应该拒绝消极的行为和表情，但在遇到困难时还是会不由自主地展现出一些消极情绪。从某种程度上说，这也是没办法的。因此，**在出现消极行为和表情之后，可以通过另外的行为和想法来消除它们的影响。**

大脑有一项功能，那就是会牢牢记住最后的部分。所以，当消极行为出现后，立即更正它，大脑自然就记不住之前那些消极的东西了。

我来告诉你一个有效的方法：嘴里说着**“前面想的不算数”**的同时，用手在眼前做一个“拂去”的动作。例如，当你心里想（或嘴里说）“反正做不到”时，马上跟着说出“不算数”，并用手在眼前做出“拂去”的动作；或者，你也可以做一个“捏紧纸屑然后把它扔进垃圾桶”的动作。

我们要让自己养成说出消极语言之后**立即做一件事来更正它**的习惯。人总有压力过大、想要一吐为快的时候。如果压抑着不发泄也会成为一种压力。因此，你完全可以一个人独处时狠狠地发泄出来。只是要记得发泄之后也要做一件事来消除它的消极影响。

如果你能做到这一点，就无须刻意回避消极的语言。只要记得，大脑会对最后的部分印象深刻，所以不管怎样，要用积极的语言或行为来给这一天画上句号。

让我们都养成这个习惯吧。

07

“也许是他不好，
但如果换作他的
立场呢？”

“都是他不
好！”

出于自我防卫的本能，人们会强化受害者思维

动物都具备**自卫的心理机制**，当自己遇到困难时，会产生“这件事不能怪我，都怪别人”的想法。

自我肯定感低的人有一个特征，他们眼里往往只有自己，“自卫本能”高于常人，有强烈的受害者思维。

有受害者思维的人总被困在不好的事情里，内心非常不稳定。因此，我们要有意识地提醒自己：**“何不站在对方的立场去看这件事呢”**，从而让自己的视野变得更加开阔。

例如，试着站在“爱唠叨的上级”的立场去看问题。如果之前你一直从员工的角度看待工作，换个立场之后，也许会发现上级对你的不满是有原因的。如果站在“老板”的立场看问题，情况就更不同。你会理解他们对销售额的关注、对待员工的态度等，也能从中学到很多东西。

视野开阔，意味着受害者思维正在改变。

我们虽然没有必要接受一些不合情理的想法，但改换视角可以让我们打开视野，站在他人的立场，得以理解对方、宽容对方。这样一来，不愉快的情绪也会变得愉快。

08

“怎么做才能成功？”

“为什么会失败？”

大脑有尽力回答问题的功能

大脑会尽力回答自己提出的问题。因此，我们向自己提问的方式不同，得到的答案也不同。

自我肯定感低的人遭遇失败后会问自己："为什么没成功？""为什么会失败？"对这样的问题，大脑的回答也会充满否定的、消极的情绪。

因此，我希望你能反其道而行之，可以问：**"怎么才能顺利？""怎么才能成功？"**，大脑会尽力寻找这些问题的答案，因此，最终也会给你肯定性的回答。

哪怕事情进展不顺利也没关系。工作不顺利时，反复自责"为什么会变成这样？"也无济于事，无法推动工作进展。这个时候，不妨试着问自己"怎么才能出结果？"，对于这个问题，你可能会得到各种不同的答案，比如"改变做事习惯""改变时间安排"等。

这个做法很有用，它能帮你形成肯定的印象，助你拥有一个向成功迈进的积极大脑，学习、工作、生活表现也会越来越好。

在食堂吃饭时，如果你点了咖喱饭，就会得到一份咖喱饭。同样的道理，如果你向大脑点了“好的东西”，自然也会得到好的建议。

09

“自己的长处是什么？”

“自己的短处是什么？”

寻找自己的长处是正向思维的关键

在给咨询者做心理辅导时，我会让他们写下自己的长处和短处。

一般来说，自我肯定感低的人，往往会列出一大堆短处，长处却写得不多。而且，虽然我说，长处和短处，先列哪个都可以。但大多数情况下咨询者都是从自己的短处开始写起，甚至有人认为这种选择本身可能也是自己的一个短处。

而那些顶尖运动员和一流企业家们，往往对自己的短处以寥寥几笔带过，却能**清晰地认识到自己身上的诸多长处。**很多时候，有的特质在本人看来是短处，在他人看来却是长处。所以，希望你多关注自己的长处。

那么，怎样才能看到自己身上的长处呢？

我们应该养成**擅长发掘事物的闪光点，并且乐于观察各种事物的积极面”**的习惯。

你往往是关注“有”，还是关注“无”？遇到挫折或者失败时，**自我肯定感低的人只会关注事情的消极面。**爱迪生在经历了多次失败之后，仍然坚信失败是通向成功的必经之路，他眼里看到的都是积极面。

一个想法的改变就能为我们的处事态度带来 180 度的转变。因此，自我肯定感低的人应该有意识地去观察事物的积极面。

10

○

“值得肯定！”

×

“太糟糕了！”

不断累积小成功，能稳定心态

朝着目标努力也未必都能如愿。这个时候可能会出现“没能如愿，真是太糟糕了！”的想法，但无论怎样沮丧懊恼都没有用，并不能让事情出现转机。

因此，这时我们更应该多关注“我做到了哪些事情”。应对这一状况的“通关口令”是**“值得肯定！”**。

也就是说，即使失败，我们也要努力关注在过程中有哪些地方比之前做得好。虽然最终失败了，但我做到了这些，所以“值得肯定！”。就这样，把关注点更多地放在做得好的事情上。

在指导别人时也一样，多用“你做得很好啊”“你已经在做了”这类鼓励的话语。不要说“太糟糕了”，而要说“这一点值得肯定”，让对方关注自己已经做成的事情，这对他们很重要。

我会向那些将在奥运会夺冠作为目标的顶尖运动员提出**每天记日记**的建议，日记的内容很简单，就是**罗列出“我今天做到了什么”“我觉得哪些地方做得比较好”**。回顾一下当天都发生了什么，哪怕是很小的事情也无妨，将它们写出来。

多去思考有哪些地方“值得肯定”，这是一个好习惯，请一定付诸实践。

11

“尝试着超越一点点”

“没有让人感动的事情”

提升共情能力，让大脑变得积极

那些对自己经常负面评价、自我肯定感低的人都有一个特征——**“共情能力低”**。也就是说，他们失去了对事物的感受，对很多事物都没有了情感表达。

这种状态的危险之处在于，即使别人善待你，或者你自己做了一件积极的事，这些事都无法打动你，因此自我肯定感得不到提升。

我认为，我们非常有必要提升自己的共情能力，即被积极的事物或行为所打动的能力。

提升共情能力的关键是**试着去做一些自己平时不会做的事情**。我将这一行为称作**“超越一点点”**。那些让你感到不好意思的事情、让你害羞的事情、需要你鼓足勇气的事情，都可以试着去做，哪怕一件也行，比如，参加志愿活动或是到大街上清理垃圾。

做了这些事并收到别人的感激，会激励你继续去做，做更多，在这个过程中，你的心会被慢慢打动。

将那些需要一点勇气才能做的事情纳入你的日常行为中，逐步提高你的共情能力吧。

第2章

不要一味蛮干

关于干劲的
积极语言和消极语言

只要开始了就是胜利，哪怕只移动了 1 毫米

干劲只能因兴奋而产生。关于这个，我在前面就已经说过了。

但更重要的是开始行动就可能产生兴奋感。比如，本来觉得打扫卫生很麻烦，但在试着打扫一下之后，发现根本停不下来，恨不得把每个角落都一口气打扫干净。

你是不是也有这样的经历呢？这正是一个开始行动之后产生干劲的好例子。

所以，在其他事上，我们也可以先从小事做起。我希望你能了解这一点。

人的梦想和目标越大，就越容易在行动之前产生恐惧感。更

难的是对那些自己不想做的课题或作业鼓起干劲。即便如此，我还是建议你：如果有十件事要做，不妨尝试着先做一件。只要一件有进展，精神状态就能提升。可以先从容易的事情做起，然后逐渐加大难度。

话虽如此，但我也知道迈出第一步很难。

因此，在本章，我将告诉你什么样的语言和行为习惯，才能让我们永远保持干劲十足的状态。如果你想要摆脱容易放弃的大脑，请务必试着实践本章中提到的方法，哪怕一个也行。

12

“去做……”

“想做……”

大脑会被断定性和进行性的语言所欺骗

“想做”某事的表达包含逃避责任和压力的意义，因此常被用在描绘较为远大且不切实际的梦想和愿望时。

这一表达中**也有一种想放弃的情绪。**就如同“能做到的话”这说法背后隐藏着“如果条件允许”的意思，“想努力去做”这句话的背后隐藏着“努力归努力，但是……”等借口。

所以，我希望你把“想做”换成“去做”“正在做”这样的表达。

实际上，我们的大脑具有一种特性，它容易被“去做”“正在做”这类命令句式和现在进行式的表达所欺骗，并去实现这些事情。

因此，当你真正打算去做某事时，**使用命令句式“去做”或**

者使用现在进行式表达“正在做”是非常有效的。

将“要能做到就好了”换成“能做到”，将“想努力”换成“去努力”。这样的表达会**让大脑产生错觉**，坚持认为“是这样的”“会这样的”，然后努力去实现。

“想做”和“去做”之间的差别，已经远远超过了语言本身。

13

○

“成为独一无二的 No.1”

×

“总之要积极努力”

有了No.1的意识，努力的方向就会改变

参加高中棒球比赛的话，以能进入复赛为目标和以成为最终胜者为目标，两者之间存在着巨大的差异。之所以这么说，是因为要达成这两个目标的**“训练方法”完全不同。**

以最终获胜为目标进行训练，还是仅仅为了上场比赛而训练，不同的想法，会导致训练方法上的天壤之别。

这里的关键在于，是否要“争夺第一”。**如果以争夺第一为目标，就会认真对待这件事，充满干劲，全力以赴。**

奥运会中获得奖牌的运动员，也会发表要夺冠的“No.1宣言”。你不一定非得要有夺得世界冠军或全国冠军这样宏大的目标，在平时，只需要给自己制定一些小的目标就可以，例如“在团队中发出最有活力的声音”“比任何人的挥棒次数都多”等，什么都无妨。

类似这样的“No.1 宣言”非常重要，它会成为我们一点一点向目标奋进的“动力”。

如果将自己描述成某个方面的 No.1，就会有意识地朝着这个方向去行动。向着既定目标努力，并不断进步，每天的生活和工作都会充满乐趣。

14

○

需思考“为什么要做”

×

只考虑“要怎么做”

“目的意识”会打造出干劲无穷的大脑

要打造出一个干劲满满的大脑，关键就在于是否有**“目的意识”**。即使已经制定了目标，但如果缺乏明确的目的，也很难坚持下去。例如，即使立下了要把销售额做到第一的目标，但没有具体目的，不知道“为什么”要这么做，那么一遇到挫折时，干劲就会燃烧殆尽。因此，开始做一件事情前**必须先考虑“为什么而做”**。用开车来打比方的话，当我们确定好目的地之后，下一步要考虑的就是怎么走，选择哪条路线，是不是？这个过程就等于目标设定。但是，如果车里没有汽油，汽车就无法行驶。这时候给车子加满汽油就成了目的。考虑“为什么要做”是一个非常重要的环节，它能让我们充满能量地向目标迈进。

在设定目标之后，请仔细思考下面两个问题：**“你为什么要做这件事？”以及“现在就做的原因是什么？”**。这是保持无穷干劲的关键。通过这一步骤能明确所做事情的意义，而且能够找到达成目标的能量。

15

○

视线向前

×

视线向下

改变“态度”，让大脑以为“是好事”

一直低着头走路，情绪就很难高涨起来。

为什么呢？那是因为**“视线向下”的姿势与遭遇失败或者灰心丧气时的姿势是一样的**。一个人失败或被别人训斥时也会做出这个姿势，相同的姿势会唤起过去的负面记忆。

一直低着头，就等于是“被训斥的话语”在大脑中反复出现。于是人总会想起被训斥时的心情，陷入失败时的情绪。

想要鼓起干劲，就得从动作开始改变。

大脑比我们想象中更加容易受到语言、态度和表情的影响。当你表现出积极的态度和表情时，心理也会产生同样的错觉，想法亦会随之改变。

你只需有意识地挺直腰板，昂首阔步就可以了。接下来，再试着露出笑脸、雀跃地走。只要做到这些，心情瞬间就会变得开朗，不信可以试试。这就是大脑被欺骗的证据。不过，这只是暂时的，所以我们平时就要有意识地去养成这种习惯。

从动作开始改变，将积极的动作变成自己的行为习惯吧。

16

○

“安于现状不
做改变的话，
将来会怎样”

×

“安于现状很
舒服”

通过提问，让自己的大脑转换为“喜欢变化的大脑”

做事情提不起干劲的原因之一，是有“最好保持现状，不要改变”的思维习惯。在这种状态下，那些没有干劲的人会认为一直保持这样就挺好。大脑把“不改变”当作一件好事，整个人自然会形成一种懒洋洋的状态。

因此，我们必须**让大脑认识到“改变是好事”**。

为了做到这一点，请先问自己一个问题。假设你想减肥，于是计划每天跑步，但是一般情况下，开始很容易，坚持下去却很难。是不是呢？

这种情况下，你可以试着问自己：**“不跑步的后果是什么？”**对于这样一个有点恐怖的问题，你的大脑中会涌现出一连串同样恐怖的答案，比如，如果不跑步的话，身体会变差、会长胖等，大脑也随之变得不开心，这样一来，会逐渐产生一种“不跑步心情就不好”的感觉。

不改变自己对一件事的反应是不行的，我们必须制造出一个与不愉快相关的状态。通过改变自己，我们会慢慢变得“愉快”，大脑也会渐渐认识到“改变是好事”。

想象一下安于现状、不做改变的诸多坏处，然后在头脑中好好酝酿一场改变吧。

17

○

“改变对所处
环境的看法吧”

×

“所处环境很
糟糕”

环境肯定感高，更容易做出成就

有时，我们会对自己所处的环境怀有不满，这就是**“环境肯定感”**低。

所谓环境肯定感，指的是对自己目前所处的环境（公司、工作、职业、家庭）的满意程度。环境肯定感低，意味着对目前的环境怀有不满的情绪。

这种情况下，只需要改变现在的环境就没准能抓住好的契机，但也有无法摆脱现在的环境，或者即使改变也不一定会变得更好的情况，这个时候我们就很难做出积极的行动。

因此，**当环境肯定感低的时候，拓宽对环境的视野**就显得尤为重要。

用登山举个例子。在攀登的过程中，你没准会觉得山顶还那么遥远，真累啊！如果只看路程，就会感到疲劳不堪，心情郁闷。但是想象一下自己站在山顶的情景，是不是就会产生一些积极的情绪？

我们对环境的看法，会因为是从目前的情况来看还是**从将来的结果来看**而有所不同。顶尖运动员在受伤时，并不会埋怨那个受伤的自己，而会一直去想那个克服伤痛之后取得成就的自己。

不要对现状感到悲观，而应想象着那个克服困难后的自己，并努力去付诸行动。

18

○

“选那条能让
自己成长的路”

×

“轻松的路和
辛苦的路，选
哪条”

统一判断标准，就不会迷茫

在工作和人生中，时不时需要做出选择。有许多时候这个选择是关于选择一条轻松的路还是辛苦的路。

其实，要想鼓足干劲去行动，只需要按照一个标准做出判断即可，这个标准就是**“能否让自己成长”**。

如果一个人感觉不到自己有丝毫进步，大脑也会放弃行动。因此，我希望你在做选择时，优先考虑能否让自己成长。

另外，人基本上只能专注于一件事，所以一定要将判断标准**缩小为一个**。

即使选择了一条充满艰辛的路，成功了也能激发出自己的潜能，扩大人生的可能性；反过来，哪怕失败了，也能从中积累宝贵的经验教训。只要判断标准没有分歧，无论做出什么选择，都有利于自己的成长。

当你感到迷茫时，就去选择那条让自己兴奋的成长之路吧。我们平时的**行为基本上都出于无意识**，如果不刻意干涉，往往只会不断重复相同的行为。所以，我们必须有意识地去改变选项，将原本那个容易放弃的大脑转化成为积极行动的大脑。

19

○

“想做的事情要发出信号，高调去做”

×

“想做的事情一个人偷偷去做”

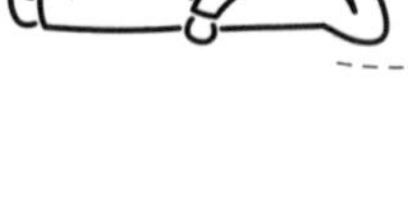

利用好观察者效应
提高做事的动力

不大声说出自己想做的事情，意味着谁都不知道这件事，结果就是你得不到任何人的支持和帮助。

心理学上有一个名词叫作**“观察者效应”**，它指的是当人们知道自己被他人观察时，行为也会发生变化。比如，棒球比赛的主场一方胜率较高就是由于受到了观众的积极影响。

当我们把自己的目标公开以后，更有可能得到别人的支持，从而对我们的心理产生**积极影响**。反之，如果从一开始就孤军奋战做一件事，那么这件事很有可能会在不知不觉中草草收场。

出现这种结果，很大程度上是因为目标只有自己知道。比起只有自己一个人能读的日记，发布到社交网络上使他人也能读的文章更容易让人坚持写下去。**当你知道自己在被他人关注时，心理上就不那么容易放弃了**。

我们处在一个社交网络高度发达的时代，发布文章是件很容易的事情。我每天在写邮件杂志，而且每次都会收到读者的反馈，这给了我坚持下去的动力。还有，当我告诉大家“我在做高中棒球教练”之后，就与高中棒球领队产生了联系。当我说“我支持奥运选手”之后，选手们就会主动来与我打招呼。

像这样，当你发出信号之后，周围就会形成一个圈子。因此，如果你想做成一件事，请务必发出信号，高调去做。

20

○

遇到困难时：
“我很兴奋！”

×

遇到困难时：“怎么会这样？”

用微笑和掌声，将大脑误导到积极的方向

遇到困难或障碍时，当然应该认真对待，但可以不用过于严肃。满脑子都是“为什么会这样”“怎么办才好”，一个劲儿地纠结原因，大脑只会产生“不愉快”的感觉，行动上也无法有任何改变。只有将大脑转换到“愉快”状态，才可能攻破难关。

所以，我们必须**有意识地增加做事的趣味性**。具体办法可以是做出一些令自己开心的动作，说一些让自己开心的话。比如，面露微笑、拍手鼓掌，或者直接对自己说“真有趣啊，我要好好享受一番啦！”

大脑对我们输出的东西深信不疑，因此，**使用积极的语言，自然能够对其产生影响**。

虽然听起来有些难以置信，但我此前的多次实践结果证明，这个做法确实能够带来好的结果。我长期在星稜高中棒球部担任

心理辅导工作，这个球队曾经在 0 ：8 的极端不利状况下逆袭取胜，获得甲子园参赛资格。

在临近第 9 场比赛结束时，星稜高中一直都还是 0 分，但是球队成员并没有放弃，他们想见证：“这种情况下如果能逆袭，那可太有趣了！”“好吧，那就一起来吧。”全队团结一致，在第 9 场比赛最后发起挑战。他们带着微笑奋力猛攻，结果得到了 9 分，成功扭转了比赛的局势。

如果当时队员们没有采用上述做法，而是严肃地思考“不进攻就完了”“为什么会这样”，那么很有可能会输掉比赛。

“越是困难的情况，越需要用微笑来应对”，这个方法虽然看起来简单，却非常有效。

第3章

不要迷失方向

关于目标的
积极语言和消极语言

“将某件事坚持到底的经历”能让内心稳定

阅读本书的诸位读者当中，或许有人经常说“设定目标非常重要”。

那么，为什么目标如此重要呢？请允许我再次跟大家解释这个问题。

没有目标，意味着“看不见终点”，是一种不知该去往何方的状态。在看不见的地方东奔西走，只会白白浪费体力、精神、时间和金钱。

找到目标并朝着这一目标前进，则是“投资”。浪费与投资有着天壤之别。

想象你正在驾驶一艘船，无论驶向何方，都需要花费体力、时间和金钱。所以，如果没有目的地，就只能在茫茫无际的大海上漫无目的地漂泊，身心俱疲。而如果船员们有一个目的地，就有了前进的动力。如果能如期到达目的地，不仅可以获得巨大的成就感，内心也会感到充实。

为了得到自己想要的东西，比如理想的生活、财富、工作等，首先必须“确定你想要的是什么”。确定之后，我们的大脑将开始考虑如何去实现它。

没有目标的行动，只是在浪费时间、金钱、体力和精神。此外，“坚持到底”的成功经验也会发挥积极的作用。

“将某件事坚持到底”“完成过某件事”的经验对一个人而言非常重要，哪怕是很小的事情。

在这一章里，我将与你聊一聊达成目标的态度，这些内容有助于你坚持完成一件事。

21

“梦想会让人生变得快乐充实”

“梦想非实现不可”

对于梦想，要让自己处于“快乐”的状态

“必须”是一个会让人产生压力的词。

在谈论梦想时，人们心里往往想的是“必须想办法去实现”“非实现不可”，如果没能做到，就会对自己产生消极的念头。这样一来，**谈论梦想就会变得越来越有压力**。大脑也更加容易放弃，无法朝着梦想坚持努力。

因此，我希望你**把梦想当作一个充实人生的东西**来看待。与目标不一样的是，梦想只要能让人兴奋起来就可以了。

因为如果只有目标没有梦想的话，精力与脑力会消耗得很快，即使达成了目标，也会因此而耗尽脑力。这时，如果你还有一个令人兴奋的梦想就再好不过了。

例如，如果你的梦想是必须在奥运会上夺得奖牌，这件事就

会给自己带来很大的压力，内心会因此而充满不安：万一没有获得奖牌怎么办？

但要是像前文所说的那样，想象出自己获得奖牌时的情景，内心就会兴奋不已，就有了向着这一目标奋进的动力，从而产生积极的情绪。

梦想并不是非实现不可的东西，梦想是让人生充满激情的必备要素。

22

○

“为某个人而做”

×

“只为自己而做”

为某个人而做，会打造出一个不易放弃的大脑

只为自己高兴而工作的人往往容易放弃，他们心里会想：“总之就这样了……”“反正已经……”。只为自己而行动的话，很容易失去动力。

为自己而努力的人大多数都希望得到别人的认可。因此，当他们感觉不到自己被认可时，就会失去干劲，心里想着“总之就这样了……”“反正已经……”，然后轻易放弃。

所以，我们必须**将“为自己”而做，变成“为某个人”而做。**

我在指导平昌奥运会速度滑冰金牌得主高木菜那时，也一直告诉她要有强烈的“为某个人”而努力的意识。除了“获得金牌”这一目标之外，我发问引导她：“获得金牌是想让谁高兴？”高木选手清晰地回答“父母”。

如果仅仅是为了自己，一旦遇到逆境或难关，出于自我防卫的本能，人就会放弃。但如果有了**“想取悦的人”**，那就另当别论了。

如果是为了自己去做，会很容易放弃。但如果是为了某个人而去做，想要让那个人高兴，内心就会涌起坚持下去的动力。因此，**你想让谁高兴？你想让谁露出笑容？**确定这个“谁”很关键。请你认真地想一想，这个人是谁。

23

○

“想象一下达成
目标后的样子”

×

“设定目标就
满足了”

大脑会努力实现想象中的事情

设定目标固然重要。但是，只有目标很难推动人去做出努力。这是因为，大脑中缺少对目标达成的想象。

人对自己没经历过的事情常怀有恐惧心理，会感到不安，容易产生消极情绪。**因此，我们在面对未知的事物时往往会退缩。**

但其实，人类的大脑有向着想象的方向去努力的功能。这一功能让我们可以借助想象自己已经达成目标后的情景，来**抑制不安因素和负面思考**。

在什么地方和谁一起最开心呢？自己那时是什么表情？在大脑中想象一下这些情景。

例如，不仅要立下去甲子园参加比赛的目标，还要具体想象一下打进甲子园那个瞬间的情景。有了这样的实感，练习的过程也会变得很愉快。这种想象可以改变事情的发展趋势。

想象不出来的事情是不可能实现的。大脑会努力去实现想象的事情。让我们大胆地想象自己的成功故事吧。

24

“我必须要做”

“我不做也行吧”

“使命感”会让大脑愉快

运动员经常把“必胜”“必须破纪录”等话语挂在嘴边。职场上类似常说的话则是“必须削减成本”，学生们常说的是“必须完成课题”。其实“必须”这一表达包含着两种含义：第一种是义务感和压力，它们会使大脑产生不快；第二种是**“使命感”**，也就是将必须做的事视为自己的职责。这种使命感则会让**大脑变得愉快，能够进行积极的思考**。

想一下母亲对孩子的保护。她们想着“我必须保护自己的孩子”，这种强烈的情绪绝不是出于义务感，而是出于使命感。如果你在某个公司或团队任职，就要找出所在团队的问题，然后思考自己为什么要解决这个问题。这样做可以激发出对团队的使命感。让我们尝试着创造使命感，让大脑以愉快的状态迎接挑战吧！

25

"我要率先去做"

"我是不是该随大流呢"

独创性能激发干劲

喜欢随大流的人，总是把关注点放在别人身上，而不是自己的目标上。但一直盯着别人是很难进步的，竞争与比较会带来压力，而心理压力会阻碍行动。

最简单的做法是试着当**“第一个吃螃蟹的人”**。比别人先一步去做，成为独一无二、首屈一指的那个。

先人一步，更容易**在竞争中脱颖而出**。经常听人说起在工作和服务中体现“差异化”的重要性，但在我看来，**“独创性”**更为重要。

不将时间花费在与他人的竞争上，才能集中精力去钻研自己想做的事情。如果因为“以前都是这样的”“我从来没有做过这样的事情”等理由而不去做，那就太可惜了。**正是因为“以前没有做过”，才建议你去做**。

洛杉矶天使队的大谷翔平选手之所以能在美国职业棒球大联盟叱咤风云，就是因为他挑战了野手①和投手②的“二刀流”③，而这是他以前从未尝试过的事情。

所有的一切都是从鼓起勇气去做的那一刻开始的。不尝试着去做，怎么会知道结果呢！

① 棒球比赛中守备位置的统称。——编者注

② 棒球比赛中负责投球供进攻方打击手击球的位置，被视为主宰比赛胜负的灵魂人物。——编者注

③ 剑道中用双刀作战的流派，现常用来指代在某领域有两个方面都很出色。大谷翔平在击打和投球两方面的比赛数据都比较突出。——编者注

26

○

制定几个一年内的小目标

×

只考虑愿望

熟练使用分解法

考虑目标的现实性很有必要。只有一个空泛的愿望是无法拥有前进动力的。在心理辅导中有一种方法叫作“**分解法**”，指的是把一个大块分割成若干小块。这是因为人对一个过度放大的对象很难产生真实的情绪，只会产生模糊的想法，结果就是不知道具体应该做什么。

如果你希望用一年时间达成某个目标，就需要细化它，细化到每天需要做什么。那会带来一种“**逐渐接近目标**”的感觉。例如，如果你想出版一本书，最好给自己提些相关的要求。想动笔，就该每天都写写博客，或者在社交网络上发布动态。这样慢慢积累，就能逐步接近自己的目标。**要勇敢地去做，**这一点很重要。不要左思右想、瞻前顾后，一旦下定决心就要勇敢去做。关于博客，确定好题目之后就去写，不必非要写得多么精彩，关键在于一定要试着去写。只要踏踏实实地去做，最终一定会有结果。所有的成就都来自一点一滴的积累。

27

“应注重眼前小事的积累”

“只重视结果”

将注意力转到稳步推进事情上

只考虑结果，意味着注意力都在实现目标上。举个例子，如果大谷翔平选手每年的目标只是完成 50 个本垒打就行，那会出现什么情况呢？一旦他总是打不出本垒打，就有可能陷入低谷，一蹶不振。而实际上，大谷选手应该做的是发挥自己的全力，竭尽所能打好眼前的一场又一场比赛。这样就可以离自己的梦想和目标越来越近。

合抱之木，生于毫末；千里之行，始于足下。一点一滴的积累，最终能够促成巨大成就的实现。**专注于眼前的事情，持之以恒、慢慢积累才是最重要的。**所以，我们应该将自己的注意力放到眼前。例如，如果目标是出版一本书，却只关注什么时候完成书稿，就会总感觉遥遥无期。但是，如果每天做一点点，踏踏实实、一项一项稳步推进的话，最终就能完成这件事。

一味追求结果，就会忽略眼前的事情。孜孜不倦地坚持将小事做下去，才是成功的秘诀。

28

○

“也留一些余地吧”

×

“不达完美誓不罢休”

完美主义会剥夺内心的从容

一味地追求完美，注意力就会转向**“没做好的事情”**上。

如果你的大脑里一直有一张任务清单，哪怕只剩一项任务没完成，你的注意力也会一直在这个没做完的地方，那就容易导致自我肯定感下降，难以向着目标迈进。

假设你得做 10 个一览表，但目前只完成了一半，这个时候你心里是什么感觉？是觉得自己“才”完成了 5 个呢，还是觉得自己“已经”或者“都”完成了 5 个呢？

不同的想法，会影响你下一步采取的行动。我不希望你把自己看作一个无能、一无是处的人，我希望你能认可自己的努力，希望你可以对自己说：总共 10 个，我已经做完了 5 个呢。剩下 5 个表可以后面再做。由此也可以看出，内心从容的人和内心不从容的人之间的差别。

如果内心总是紧绷着，那么哪怕稍微出现一点差池，也无法从容应对，所以放松心情也很重要。

完美的事情原本就少之又少。既然如此，不如在内心给自己留一些余地，带着“完成这一步就行”的想法去做事吧！

29

○

“专注于一件事吧”

×

“这个也要做，那个也要做”

安排好优先顺序，专注于一件事

我们在将达成目标前的待办事项一一列出后经常会发现，要做的事情可真多啊。但是，如果想要一下完成所有的事情，会以失败而告终。

一个人的时间、精力和金钱都是有限的。如果这个也想做，那个也想做，时间、精力和金钱就被分散了。因此，**安排好做事的优先顺序很重要。**先做这个，再做那个，每次只做一件事。

当然，并不是其他的事情就不做了，只是暂时放在一边。**我们的大脑本来就只能专注于一件事。**

我本人是这样规划人生的。首先以中小企业诊断师的身份独立创业，作为企业的咨询师开展工作。然后，我又从事了职业教练的工作，创办了教练学校。接下来，我学习了心理训练的相关课程，成了一名体育领域的心理教练，为顶尖运动员提供心理辅导。

这就是一种逐步积累的方式。如果从一开始就着手去做每一件事，那么必然会分散精力，最终一切都将半途而废。

先决定要做哪件事，然后**将时间、金钱和精力都集中在这一件事情上。**一个目标达成之后，再集中精力去完成下一个目标。像这样，先选择目标，然后集中精力完成，再不断重复“选择——集中”这个过程，目标就会变得更加容易实现。

安排好优先顺序，向你的目标发起挑战吧！

30

○

计算“需要花费多长时间”

×

感叹“没有时间”

灵活运用“提问”，来创造时间

“没时间”“没信心”和“没钱”是人们失败时最常提到的三个理由，其中“没时间”更容易被拿来当借口。

但其实只要有意识地去关注做某事需要多少时间，没准会发现这件事完全来得及做到，这样的情形我见过很多。

无论是专业运动员还是高中棒球选手，我一般会这样问那些感叹“没时间”的人：**“你的课题到底需要花费多长时间？”**这样一来，他们就会对时间产生清晰的认知，回答出一个具体的时间。

大部分人不知道怎么使用时间，所以“没时间”就成了一个万能的借口，经常被使用。事实上，做任何事之前都应该**估算出完成某个目标需要花费的时间。**

在这个阶段，我希望你思考一下“怎样才能更好地利用时间。”对此，你的大脑会尽全力做出回答，因此你将会思考出，怎样才能挤出更多时间，如何巧妙地分配时间。

时间是公平的，每个人每天都有 24 小时，因此，如何利用时间就显得至关重要。当你想在时间上找借口时，不妨问问自己上面那个问题。

31

把为目标所做的努力详细记录下来

“大致”描绘一下目标的推进进度

积极做记录是达成目标的关键

没有记录的东西是无法被改善的。

要凭空回想自己之前是怎样做的是很难的。通过做记录将其**“可视化”**，我们就能一目了然地看到目前的进度，了解距离目标还有多远，这样更容易保持做事的动力。

做记录的关键在于要做**“积极的记录”**，意思是做得不好的部分就不要记了，只将做得好的部分记录下来就行。

拿棒球来举例吧，如果只记录三振出局了几次，三振这个词就会进入大脑的意识，球员也会产生恐惧心理，不敢挥棒。反之，如果记录安打数、本垒打数的话，就能产生积极的作用。“离目标安打数只差一点点了，加油！”，像这样用记录给球员打气，球员就能采取积极的行动。

如果你想要坚持写博客，或者坚持在社交网络上发布动态，可以试着在每篇文章的标题前加上数字。这样一来，每天的更新都是在超越前一天的自己，可以达到“**胜利成瘾**”的状态。可以说，做记录是达成目标的金规铁律。

第 4 章

在决定胜负的关键场合不要急躁

关于实战的积极语言和消极语言

会控制情绪的人，往往能超常发挥

在演讲、商务洽谈、跳槽面试等所谓“实战场合”，有人会因紧张而大脑一片空白，也有人会因为心理原因而无法发挥出自己的真正实力。

要想在实战中有好的表现，之前的练习和经验固然重要，但心理状态也同等重要。因为，即使你已经做好了万全的准备，但心理素质比较差的话，也无法在实战中发挥自如。

我在训练顶尖运动员和高中棒球选手时特别强调的一点是：“要形成一个在实战中可以完全发挥自己能力的心态”。这里的关键，仍然是学会控制情绪。

一个人能否控制住自己的情绪，会对他的表现产生巨大的影响。我们往往会形容那些取得了优异成绩的运动员“内心强大”，但其实他们只不过是更会控制自己的情绪而已。

控制情绪这件事谁都能做到。但人们会形容那些能很好控制情绪的人“内心很强大”“心理素质强”。

在实战中，为了发挥自己的实力，我们有必要学习一些控制情绪的方法。

32

○

“执行惯例”

×

“讲点迷信”

惯例是调整心态的工作

我知道有些人笃信一些莫须有的东西，但最好不要这样。

这种笃信背后往往是“如果这样做不行的话，下次就改成那样”的想法。拿棒球选手来说吧，有的人莫名相信左脚会给自己带来好运，因此总用左脚进入击球区，但是如果这样做了还是连续几天都打不出安打的话，下一次他很有可能会改用右脚进入击球区。

最终怎样呢？无非就是一会儿喜一会儿忧，被结果反复打击心态。

而惯例不同，它是使用固定的动作顺序来“调整心态”的方法。与输入信息相比，我们的大脑更相信输出的信息。惯例正是**利用了大脑的这一规律，通过固定动作的应用来调整心态。**

有很多棒球选手在击球区等待时会利用不同的动作惯例来调整心情。我自己也是如此，每次演讲前都习惯先闭上双眼慢慢地深呼吸，然后用双手做一个小小的握拳动作来调整心态。

请不要在意结果，试着将惯例动作作为调整心态的环节坚持下来吧。

33

○

“也要做好最坏的打算”

×

“一直保持积极的状态”

要一直保持积极的状态是对正向思考的误解

积极地思考问题是一件好事，但如果只往好的方面去想，万一事情未能如愿，心情就会一下变得沮丧。这个时候，你会觉得“果然还是不行啊”，遂产生放弃的念头，转而陷入负面思考。

我把有这种思维习惯的人称为**“误解正向思考的人”**。积极是好的，可只看积极一面的话，一旦遇到危机或情况不好的时候，就会因期待落空而变得消极，陷入负面思考。在别人看来，这个人情绪起伏波动比较大。

那么，**什么才是真正的正向思考呢？应该在积极思考问题的同时也对可能的阻碍进行预测，在此基础上去思考出现阻碍时该如何应对。**这样一来，面对问题时也能切实做好自己该做的事情。

大谷翔平选手是一名非常活跃的棒球运动员。他在第一年首次作为首发球员上场的时候，几乎打出了一场“完全比赛”[①]。虽然被对方打出了安打[②]，但他在之后的投球中非常沉稳，表现得像一名成熟的投球手。

在接受采访时，有记者问：“你意识到自己的表现接近‘完全比赛’了吗？”，对此，大谷的回答是：“我是以预测到会被对方安打的心态去投的球。”即使被安打也能够沉着应对，就是因为他早已想好了被安打之后如何调整自己的心态。

① 完全比赛（perfect game）是棒球比赛中的术语，意为投手在比赛中至少完投胜9局，且没有任何一名敌队球员到达一垒。“完全比赛”普遍被认为是投手表现的极致，是棒球比赛中最难达成的成就之一。——编者注

② 安打：棒球运动中的名词，指打击手把投手投出来的球击到界内，使击打者自己可以安全上到一垒。——编者注

34

○

慢慢地呼吸

×

强烈要求自己
“不要紧张”

通过自主神经[1]来缓解紧张情绪

缺乏自信的人，在重要场合容易紧张。一个人紧张时，首先会表现出呼吸节奏紊乱，然后感到无力、焦虑，甚至手会开始发抖。

陌生的地点，陌生的情景，陌生的氛围……这些陌生的情况更容易让人出现紧张情绪。而且，“不能失败”“必须做好”等**心理压力会使紧张情绪变得更加严重，**从而妨碍正常发挥。

那么，我们应该怎样做，才能让紧张的情绪在正式比赛中帮助自己正常发挥呢？

实际上，**过多的“思考”并不能帮我们很好地控制紧张情绪。**紧张时，心里越想“不要紧张”，就越容易紧张。你是不是也有这样的经历呢？

① 能按照自有规律进行调节，不受主观意识控制的神经。——编者注

能在最短时间内调整状态的方法是通过呼吸来**调节自主神经。**呼吸与脉搏和体温不同，可以被有意识地控制以影响神经活动。当你吸气时，交感神经[①]被激活，机体处于兴奋状态，当你呼气时，副交感神经[②]被激活，机体处于放松状态。因此，通过呼吸缓解紧张情绪的关键在于慢慢地、长长地吐气。当你紧张时，请静下心来试着做一做。

---

① 自主神经传出纤维的交感部。其作用主要是产生兴奋以适应机体应急需要，如引起心跳加快，皮肤和内脏小动脉收缩而导致动脉血压增高，引起血糖升高、呼吸加深变快、瞳孔散大等现象。——编者注

② 自主神经传出纤维的副交感部。其作用主要是保持身体安静时的生理平衡，如协助营养物质消化、保存身体能量等。——编者注

35

○

先用力，再一口气脱力

×

强制自己放松下来

无意识的力量很难放松下来

当你感到身体僵硬、用力过多时，如果你强行要求自己放松下来，会适得其反，身体不仅无法放松，还可能下意识地更加用力。而且，即使周围人告诉你“放松很重要呦”“不要绷着劲，放松放松”，也没用。

这是因为，我们的身体**很难根据环境的变化，主观地放松下意识使用的力量。**但如果是自己有意识用力的话，就比较容易放松。因此，我们可以**先有意用力，然后一口气将这股力量卸掉，**这样就能让整个身体放松下来。如果觉得身体还是绷着劲，就试着用力缩起肩膀 1 秒，然后一口气脱力。这也是一种很容易掌握的**“肌肉松弛法”**。

在重要的工作或比赛前，我们有时会因为过度紧张而身体僵硬，当你觉得自己放松不下来时，不妨试着按照上述方法去实践一下，就能轻松地迎接挑战。

36

“正式上场前，
先进行一次成
功的演练吧”

“直接上场迎
接挑战”

通过心理演练让大脑形成记忆

人们对于未知的事物，或者自己未曾经历过的事情，往往抱有恐惧和不安，很容易陷入负面思考。因此，如能事先在大脑中进行一番演练，对事物熟悉起来的话，就能防止这种负面思考的产生。

大脑并不会在记忆中区分现实和想象，所以我们可以充分利用这一特点，让大脑在想象中形成记忆。

关键在于不只是单纯地想象，可以事先设定好想象中的事情发展顺序以及每个阶段应该有的心理状态。这叫**“心理演练”**。

早上起床时我应该用什么样的表情？正式上场时我要如何行动？遇到阻碍或困难时我要如何克服？成功之后支持我的人会有多开心？像这样**把正式上场时的细节一步步具体地想象出来**。

高木菜那选手在速度滑冰比赛集体出发之前，也对从起点到终点的过程进行了周密的演练。并且她在脚部受伤无法练习时，也一直在脑海里反复想象着自己克服伤痛后微笑着获得奖牌的情景。

为了大胆挑战未知的事物，一起来灵活地运用心理演练战术吧！

37

○

实战当天，从早上就开始注意自己的言行

×

不在意实战当天的言行

要使用不会扰乱心态的语言

正式上场前的心情至关重要。

在舞台剧业界，有一个说法是“八成靠安排”。它指的是在舞台剧的所有环节中，有八成是由导演、灯光以及演员的提前安排来决定的。反过来说，**如果这些都安排到位，就已经成功了八成。**

同样，对演讲来说就是演讲之前，对棒球来说就是比赛开始前，对足球来说就是裁判吹响开场哨前，胜负就已经决定了80%。

也就是说，在正式上场前保持什么样的心态极为关键。从早晨起床到正式上场前，你说了什么话，保持怎样的态度，采取什么行动，这些都非常重要。

早晨起床后，以一句“今天我最棒”来开启新的一天。出门时，向父母以及同住的人热情地告别，这就事先决定了自己当天的心态是否积极。

不过，也可能会发生一些意料之外的事情。例如，电车晚点导致上班可能迟到，这个时候千万不要认为“我太倒霉了”，而要使用语言来调整自己的心态，你可以在心里想着**“之后肯定会越来越好的”**，保持开开心心的心态去上班。

在每个阶段用什么样的语言、动作和表情让自己的心理保持积极状态，这些都需要提前决定好才有利于付诸实践。

38

○

想象未来的成功

×

回想以前的失败

“美好未来”的想象会让大脑产生错觉

如果你上一场演讲表现不佳，但还要面对下一场挑战的话，肯定“压力山大”。

我们的大脑对负面情绪会保持深刻的记忆，因此，你总会清晰地回想起不愉快的场景。总回想这些就可能导致同样的失败再次发生。

所以，我**希望你常想起自己成功时的样子，**而不是过去的失败经历。为了做到这一点，你可以提前在大脑中描绘出一幅自己顺利完成演讲，听众也开心不已的画面，如演讲结束后，所有人面带微笑、拍手称赞的情景。

棒球比赛关键时刻被三振确实是一种危险的状况，但如果心里一直想着“糟透了”，那么当时的场面以及你当时的心情会一起被大脑深深地记录，这样就很有可能再次三振出局。所以最好先在脑海中把自己打得热火朝天的情景描绘一番，想象出自己在击球位上努力击球的样子。

虽然我也常对失败进行反思，但这种反思并不是思考“我为什么会失败”这种已经过去的事情，而是思考**“我今后要怎样才能做得更好”**这种未来的事情，然后将“成功的印象”刻进大脑中。

39

○

“去做……吧”

×

“不能做……”

大脑无法形成否定的印象

我们必须对“不能做……”这一表达多加注意。如果在工作的关键时刻，心里总想着“这可不能失败啊”，那很有可能会导致失败。

我们的大脑无法形成否定的印象，对于“不要做……”的表达会感到茫然。因此，**当你说“不能做某事”的时候，大脑接收到的信息就成了这件事本身。**例如，当你说“不能紧张”时，它收到的暗示是“紧张”。当你说“不能吃糕点”时，它收到的暗示是“吃糕点”。

由于大脑会努力实现自己想象的东西，所以它会越来越靠近想象。因此，我们应该试着改变自己的语言，将“不能紧张”改成“放松下来”，将“不能吃糕点”改成“要吃蔬菜（健康的食物）”。换一种说法，就能促进积极的行为。

第 5 章

不要被他人的言行所左右

关于人际关系的积极语言和消极语言

试图改变对方，只会让自己疲惫

在人际关系中，总有人试图去改变对方。例如，想方设法去改变难缠的上司和部下，想让自己讨厌的人做出点改变等。

类似这样想要改变对方的例子屡见不鲜。然而，一个人的思维方式和价值观并不会轻易改变。

可对于想改变别人的人来说，如果看到对方没有成为自己所希望的样子，人就会焦躁，压力陡增，心态越来越差。

这种感觉就像是你在镜中看到自己脸上沾着灰尘，却拼命擦拭镜子想要去掉脸上的灰尘一样。

只有先把自己的脸擦干净，你在镜中才能看到干净的脸。所以，首先要明白，你不可能改变他人，你只能改变自己，让自己“不被他人的言行所左右”。

所谓改变自己，指的是改变对待他人的方式和对他人的看法。

不要因为无法改变的事情而唉声叹气，情绪低落。本章我将为你介绍一些维持良好人际关系的小技巧。

虽然都是不起眼的小技巧，但效果都很好，请你一定要实践一下。

40

○

将讨厌的人当作“稀有动物”来看待

×

刻意远离讨厌的人，“太难对付了”

将自己对对方的记忆进行改写

每个人都会遇到自己不喜欢的人。和这样的人打交道时，你是不是会产生厌烦的情绪，或者流露出厌烦的表情呢？

这时的你就是在不断重复着输入—输出的过程，输入的是“厌烦”的情绪，**输出的是“厌烦的表情和态度”**。每一次输入和输出，都会让不愉快的情绪愈演愈烈，有关那个人的负面印象也会不断被强化。

这种不愉快的情绪会一直伴随着你，所以你很难突然喜欢上一个你曾经讨厌的人。

但是，我希望你能控制自己的情绪，避免被讨厌的事物左右。

所以，改写自己对那个人的记忆吧，这一点很关键。具体做法是不要把他看成普通人，而要试着把他当作稀有动物来看待。你可以给他们起个有趣的外号，比如外星人。将这一信息输入大脑，对方就会让你感到好笑，厌烦的情绪也会随之变淡。

也就是说，**要改变对方在你心目中不太好的印象。**没有必要勉强自己去亲近不喜欢的人，只需对记忆稍加改写，让自己产生一些积极的反应就可以了。

在不断重复这种改写的过程中，你的情绪将会产生变化。

41

远离“嚼舌根”的圈子

加入“嚼舌根”的圈子

听到别人“嚼舌根”和自己“嚼舌根”都会对大脑有负面影响

一个人内心状态的变化与他所处的环境息息相关。我们听各种各样的人说的话就等于输入，然后自己也加入他们说的话题是输出，在这个过程中，我们就会受到影响。

举个例子，如果我们在办公室中听到有人在“嚼舌根”，然后自己也加入，如此反复的话，会受到很深的负面影响。这样一来，我们自己也**会拥有一个爱“嚼舌根”的大脑**。

因此，我们必须远离那种场合。如果你对自己有所期待，“我想成为这样的人”，那么，就**加入一个有许多这样的人的集体吧**，成为他们当中的一员。

如果你怀揣着梦想前行，就要让自己置身于有梦想的人组成的群体中，这一点十分重要。

即使在现实世界中找不到这样的群体也没关系，现在网络如此发达，我们完全可以在社交网络上加入某个圈子。先决定好要怎么做，然后想办法让自己置身其中。

切记，**千万不要踏进那些爱“嚼舌根”的和有负面影响的地方**。你输入了什么，又输出什么，这一过程会造就未来的你。

42

停顿片刻，深呼吸

一言不合就翻脸

立即做出反应会成为一种习惯

那些动不动就发火的人，已经习惯了这种状态。对一件事立即做出反应，大脑就会感到快意，下次还会这么做。易怒的人，一生气就会立即冲别人发火，否则就无法舒心。**但如果感到生气时能稍微停顿片刻，大脑就变得不那么想发火了。**因此，如果遇到不开心的事情，不要立刻做出反应，最好先喘口气稍微休息一下，习惯了之后，就不会再条件反射般地发火了。

所以有意识地停顿片刻是非常必要的，**哪怕 1 秒也行**。烦躁的时候，你可以养成数“1、2、3”的习惯，也可以试着拍拍自己的大腿，还可以抱着胳膊深呼吸。

要有意识地去做，不要一言不合就翻脸。这也是我推荐给顶尖运动员和一流企业家的方法。“内心要热烈，头脑要冷静”，希望我们都能达到这样的理想状态。

43

○ 对家人和周围的人怀有一颗“感恩的心”

× 我就是我，“任性”地做自己

对小事心存感激的力量会扩大心理承受的界限

非常努力地去做了，却总是犯错，没有什么结果。这可能会让人心理承受不住，变得心灰意冷。

有的人很容易出现这种情绪，很大程度上是因为他们的注意力只集中在自己身上，认为只要自己好就万事大吉。

这种人在遭遇困难时，心态就很容易崩溃。他们觉得即使事情进展不顺利也无所谓，反正只和自己有关系，所以很轻易就放弃了。

这样的人已经形成了一种**任性的心态**，他们只看得到自己的付出，“只有我一个人做了这么多……”。

反之，那些不会轻言放弃的人，是以一种“**感恩**”的心态来看待周围的人和事的。他们认为正是因为有了别人的帮助，正是因为遇到了不顺利的情况，正是因为身处逆境，我才能有所进步。毕竟每个人都会遇到困难和挫折。

能早早起床，感恩！能精力充沛地做运动，感恩！如果我们能像这样**对他人以及日常琐事常怀感恩之心**，那就太了不起了。

懂得感恩，心中就会涌起克服困难的勇气和力量。

44

○

"人是不会改变的"

×

"应该……"

你无法改变对方的价值观

希望朋友改变，希望员工改变，希望孩子改变……希望别人做出改变的人并不少。然而，别人很难变成你所期待的样子，这是理所当然的事情，因为每个人都有自己的价值观。

对方有对方的世界。如果你不承认这一事实，只认为自己的价值观是“正确”的，坚称“一般都是这样的”“应该这样”，向周围人**宣扬所谓的“正确”论调，就容易和人发生冲突。**

放弃你的“正确”论调吧。没有人喜欢被别人要求“应该怎么做”，被居高临下的目光打压。要想好好相处，你首先要做的是认可对方，改变自己。

“应该做什么”只是某个人的价值观而已，我们应该明白**人是不会改变的**，带着这一想法去与人交往吧。

如果想帮助对方达成目标，请避免使用“你要这么做，你应该这么做”的表达方式，不要擅自替对方做决定。

人无法长久遵循他人为自己制定的目标。你要做的是让他们自己做决定，而关键之处就在于让他们了解做出这样的决定是为了谁，有了这样的动机，行动就会有所转变。

45

“准备一些能让自己放松的事情”

“把压力释放出来吧”

眼泪也有放松的效果

压力主要是因为事情的发展有悖于自己所愿。在这个世界上，不可能所有的事情都按照自己的意愿来发展，因此压力常在。无论多么了不起的人，都会有压力。

因此，不要想着清零压力，与压力友好相处才是关键。首先，要**认识到每个人都有压力**，然后**找到一个能让自己放松的方法**，避免压力一直堆积。许多人不知道，**流下动情的眼泪**是一个几乎对所有人都有效的方法。眼泪在应对压力方面有显著效果。在人体机能的运转中，流泪这一行为可以打开副交感神经的开关，起到放松的作用。

所以，爱流泪的人并不是胆小鬼，而是懂得如何应对压力的强者。在听音乐、看电影、读书的时候，想哭就尽情地哭吧！

多做一些能让自己感动的事情，来释放压力吧！

46

相信人的“可能性”

批评苛责他人

“批评”“抱怨”和“苛责”会使大脑产生不愉快的感觉

有些我们原本以为靠一己之力根本办不到的事情最终却顺利实现了，这往往是因为我们与身边的相关人员形成了**“信任关系”**。要如何与他人建立“信任关系”呢？这个话题经常被拿来讨论。但其实我们只要避免失去信任关系就可以了。

这三种行为会破坏信任关系：批评，抱怨，苛责。如果你能有意识地避免这三种行为，将会有惊人的效果。

在建立信任关系时有一点非常重要，就是要相信对方的“可能性”。对于一个不信任自己的人，我们也无法产生信任，对不对？因此，如果想和对方建立信任关系，首先要做的就是**相信对方的“可能性”**。因为这个世界上不存在未来没有可能性的人。所以，不要只看某人的过去，而应将重点放在关注未来的可能性上。

教育孩子，教育下属以及教育运动员也是同样的道理。

尾　声

写下你的情绪稳定与平和

将前面学到的方法付诸实践

在最后一章，我为大家准备了一些问题，来一步步实践前面说过的内容，大家可以写下自己的答案。这些都是我对顶尖运动员进行心理辅导时问过的问题。与输入相比，大脑更相信输出，所以我们不仅要将所学的方法输入大脑，也要通过输出来加以巩固，让这些方法在我们的日常生活中发挥作用。

不过，也没有必要勉强自己每个问题都回答很多，哪怕只写一点，只有一个词也无妨。只要写出一点，就给自己竖起大拇指，夸一句“你真棒”！持之以恒，慢慢积累下去就能看到效果。

虽然后面的问题是按照本书的章节顺序列出来的，但你大可不必拘泥于顺序，从哪里开始写都可以。请尝试着从你自己能写出来的地方开始回答吧！

第　1　章

不要否定自己

1. 你之前做哪些事情时使用过“必须……”的表达方式呢？请试着把它们换成“努力……吧”。

2. 你睡前会想象哪些场景呢？请试着想象一些令人兴奋的场景吧，比如达成目标或实现梦想的场景，或者和家人、朋友在一起的开心场景。

3. 试着用“正是因为……我才……”来发掘自己性格弱点中的积极一面。

例如：优柔寡断→能在慎重思考之后做出判断
急性子→能迅速做出决断

4. 你想将常说的“不好意思”改为“谢谢”的场合有哪些？

5. 请写出你的家人和朋友的优点，并试着告诉他们。

6. 思考一下你可能会做出哪些消极言行，以及为了消除这些消极言行你打算怎么去做？

例如：“太吵了！”→用手在面前做“拂去”的动作，嘴里说“刚才说的不算数”
“真该死！”→用手做出将什么东西揉成一团并扔出去的动作

7. 你现在有什么烦恼？你认为站在不同立场的人会如何看待这些烦恼？

8. 问自己：怎么做会成功？并思考这个问题的答案。

9. 试着思考一下各种事物的积极面和消极面。

10. 最近身上有什么事情让你感到“值得肯定”？

11. 你想在哪个方面尝试“超越一点点”呢？

第　2　章

不要一味蛮干

12. 试着用“去做……”的方式将你心里想做的事情写出来。

13. 你想尝试在哪个方面宣称自己是 No.1？

14. 你为什么必须达成目标？

15. 你会怎样改变自己的行为习惯，帮助自己以积极的态度去面对一切呢？

16. 你想试着改掉自己的哪些习惯？如果不改的话会怎样？改掉这些习惯后有什么好处？

17. “将来的自己”看着现在的自己，会说些什么呢？

18. 如果你选择了“让自己成长的那条路”，未来会是什么样？

19. 有什么事情你可以发出信号、高调去做？

20. 为了打开局面，你会采取哪些积极行动？

第　3　章

不要迷失方向

21. 你最激情澎湃的梦想是什么？

22. 你实现梦想和目标是为了让谁开心？

23. 请试着用想象的力量将你达成目标后的样子描绘出来。

什么时间，在哪里，和谁一起，做什么？
周围的状况是怎样的？
你的感受如何？

24. 你会带着怎样的使命感去做事情呢？

25. 你想要率先尝试去做的事情是什么？

26. 要具体怎样做，你的目标才能一步步实现呢？

27. 你有什么想一点一点慢慢积累，得到成长的事吗？

28. 在目标的推进过程中，虽然不完美，但值得肯定的事情是什么？

29. 给你的目标安排优先顺序：

最优先去做的事情 / 其次应该做的事情 / 再次应该做的事情

30. 试着把各种借口转换成“自己能做的事情”

没时间→需要多少时间？
没钱→用什么办法能筹措到资金？
没经验→那就试着从零做起吧。

31. 为了达成目标，需要记录哪些内容？积极地记录下来吧！

第 4 章

在决定胜负的关键场合不要急躁

32. 你打算为自己设定什么样的惯例？

33. 你能够设想出的负面情况有什么？打算如何应对这些状况？

34. 你在什么样的情况下会紧张？如何让自己冷静下来？

35. 你在哪些时候觉得自己绷着劲呢？要不要尝试使用肌肉松弛法呢？

36. 试着在想象中进行一番实战演练吧！

①正式上场前的流程
②开始上场，渐入佳境的自己
③克服了负面状况后的自己
④为了让支持者们开心，尽力发挥的自己
⑤达成目标后，感动的自己

37. 准备好在正式上场前，用积极的态度应对一切。

例如：早晨起床，微笑着说“早上好”/ 吃早饭时，微笑着说“真好吃”/ 上场准备时，拍着手说“很好！”/ 上场前，微笑着说“状态不错！”

38. 你关于未来的成功有怎样的期待？

39. 你平时使用的否定性语言有哪些？将它们转换成“希望你这样做”的表达如何？

“不要紧张”→“放松下来吧”
“不能出错”→“确认一下吧”

第 5 章

不要被他人的言行所左右

40. 你把哪些不喜欢的人当稀有动物来看待？给这些稀有动物分别取个名字怎么样？

41. 为了得到自己想要的结果，你选择加入哪种群体呢？

42. 你哪些时候会忍不住发火？会用什么方法来稳定自己的情绪？

43. 迄今为止，让你心存“感恩”的事情有哪些？

44. 如果要改变自己，你会改变哪些行为？

45. 迄今为止，让你感动到流泪的事物有哪些？（书、电影、别人的故事等）

46. 回想一下你想和谁建立信任关系？你觉得那个人有哪些可能性？试着找出并写下来。

结语

保有一生的力量

感谢你阅读本书。

本书用浅显易懂的语言，归纳了迄今为止本人在心理辅导方面所做的事情中的重点。若你时不时地翻阅一下，定能有所收获。

2021 年，日本举办了东京奥运会和残奥会。但当年的奥运会受新冠疫情等因素影响，成为史上首届没有现场观众的比赛，我当时很担心这种状况会对选手的积极性产生影响。

在本书中提到了“观察者效应”的概念，**所谓观察者效应，指的是意识到自己正在被他人关注的一种状态。**观看体育比赛的观众一般都是对某项运动、某个球队、某个选手感兴趣的人，而他们的加油助威也会让选手感到自己正在被关注，从而产生斗志，希望向在场观众展现出自己的最佳水平。

但是，2021 年没有这样的现场观众，选手们看不到有人为自己的表现而开心的场景。

当我们看到有人为自己的表现而开心时，就会充满干劲。因为自己的出色表现，观众席上响起了欢呼声，观众们情绪高涨，选手们内心也会产生“好极了，还要继续努力”的想法。而在没有现场观众的状态下，选手们为了提高自己的积极性做了一番冥思苦想。

那么，还有没有其他办法能让选手们发挥出自己的实力呢？我们可以运用“想象的力量”。因为大脑无法判断出我们想象的内容是否为现实，大脑也分不清真实和谎言。**那些印象鲜明的事情，在大脑中会被当作现实发生过的事情一样。**利用这一点，就可以在大脑中创造出与观众在场同样的场景。

当然，可能也有很多选手能够不受其他观众和杂音的影响，展现精彩的表现。

那些能够获得奖牌和取得成就的选手，无论观众是否在场，都可以将注意力集中在自己的表现上，努力做到最好。

但我也看到过不少对奖牌充满期待，却没能发挥出自己实力的选手泪洒赛场。曾获得过 4 枚体操金牌，在本届奥运会上也是金牌有力争夺者的美国选手西蒙·拜尔斯（Simone Biles），在落地过程中多次失去平衡，没能发挥出应有的水平，中途退赛。

新冠疫情在世界范围内扩散，训练场关闭，奥运会究竟延期还是停办的问题迟迟没有着落。西蒙说，在这种精神状态下度过的每一天，就仿佛在一条看不见出口的隧道里彷徨。从她的话语中不难嗅出退役的意愿，从年龄来看，她也确实已经到了该考虑退役的时候。也许她已经感觉到了作为体操选手的极限。

其实，我本人提供咨询的一位选手也参加了本届奥运会。他此前一直在为自己的奥运梦努力拼搏，但也遇到了同样的问题：训练场无法使用，比赛被中止，本届奥运会能否顺利举办……在这样的情况下，他开始感到苦恼，是否要继续比赛下去？

他对我说，按理说自己因表现出色而获得了奥运会参赛资格时应该高兴才对，但不知为什么就是开心不起来。从年龄来看，他也到了该考虑退役的时候。顺便说一下，这位选手并没有退出比赛，而且他目前已经开始为下一届奥运会做准备了。

日本代表团的其他选手当中，也有一些被观众寄予厚望却表现不佳的运动员，大众认为他们奖牌运不佳。

2021 年 5 月，日本网球选手大坂直美宣布退出法国网球公开赛，并提到了自己面对采访就紧张的问题，运动员的心理健康状况受到了社会的极大关注。在此之前，大部分人对运动员的印象是拥有强健体魄、高超技术以及坚韧精神的综合体，但这一印象却未必是正确的。曾经在奥运会上获得 23 枚金牌的泳坛传奇人物迈克尔·菲尔普斯（Michael Phelps）也承认自己患有抑郁症。

虽然作为普通人的我们每天也会面对各种各样的压力，但运动员的命运有时候一场比赛就能决定。每天训练中表现得好还是不好，赢了还是输了，是否入选国家队等，都是需要考虑的问题。职业生涯中，运动员还要考虑下个赛季能否签约、赞助合同能否继续等问题。年龄对运动员也是大问题，运动员必须考虑自己的运动生涯还能有几年等去留的问题。因此，运动员心里根本没有办法平静下来。

2021 年 6 月，提出美国职业棒球大联盟选手心理问题值得关注的《棒球的 90% 是心理》（*Ninety Percent Mental*）一书的日译本发售。该书的作者是鲍勃 · 图科斯伯里（Bob Tewksbury）和斯科特 · 弥勒（Scott Miller），前者从美国职业棒球大联盟退役后在波士顿大学研究生院学习心理学，后者是一位长期采访美国职业棒球大联盟的记者。书中提到，在美国职业棒球大联盟中，曾出现过“暴露内心弱点是一种耻辱，心理素质不强的话，就无法在大联盟中生存下去”“向心理学家寻求帮助就意味着出局”等情况。因此，选手们即使内心不安，也无法说出口。

不过，现在有越来越多的球队开始意识到有必要对球员进行心理疏导。这也是因为有不少全明星选手通过克服心理上的不安，取得了成果。书中提到，现在，职业棒球大联盟各个球队中都配备了至少一名心理专家。

像这样，从 2020 年开始，加上新冠疫情的影响，运动员的心理健康问题受到了更大的关注。人们再次认识到制定心理对策的必要性。

2015 年 12 月，日本规定企业有义务对员工进行压力检测，压力问题越来越被展现出来。这意味着我们时刻都会意识到压力的存在。

如果你能注意到自己心理方面的细微变化，然后通过阅读本书了解到应该如何应对并付诸实践，本人将不胜欢喜。

最后，感谢大和书房的大野先生一直以来的支持。希望本书能送到更多需要它的人的手中。

未来，属于终身学习者

我们正在亲历前所未有的变革——互联网改变了信息传递的方式，指数级技术快速发展并颠覆商业世界，人工智能正在侵占越来越多的人类领地。

面对这些变化，我们需要问自己：未来需要什么样的人才？

答案是，成为终身学习者。终身学习意味着永不停歇地追求全面的知识结构、强大的逻辑思考能力和敏锐的感知力。这是一种能够在不断变化中随时重建、更新认知体系的能力。阅读，无疑是帮助我们提高这种能力的最佳途径。

在充满不确定性的时代，答案并不总是简单地出现在书本之中。“读万卷书”不仅要亲自阅读、广泛阅读，也需要我们深入探索好书的内部世界，让知识不再局限于书本之中。

湛庐阅读 App：与最聪明的人共同进化

我们现在推出全新的湛庐阅读 App，它将成为您在书本之外，践行终身学习的场所。

- 不用考虑“读什么”。这里汇集了湛庐所有纸质书、电子书、有声书和各种阅读服务。
- 可以学习“怎么读”。我们提供包括课程、精读班和讲书在内的全方位阅读解决方案。
- 谁来领读？您能最先了解到作者、译者、专家等大咖的前沿洞见，他们是高质量思想的源泉。
- 与谁共读？您将加入优秀的读者和终身学习者的行列，他们对阅读和学习具有持久的热情和源源不断的动力。

在湛庐阅读 App 首页，编辑为您精选了经典书目和优质音视频内容，每天早、中、晚更新，满足您不间断的阅读需求。

【特别专题】【主题书单】【人物特写】等原创专栏，提供专业、深度的解读和选书参考，回应社会议题，是您了解湛庐近千位重要作者思想的独家渠道。

在每本图书的详情页，您将通过深度导读栏目【专家视点】【深度访谈】和【书评】读懂、读透一本好书。

通过这个不设限的学习平台，您在任何时间、任何地点都能获得有价值的思想，并通过阅读实现终身学习。我们邀您共建一个与最聪明的人共同进化的社区，使其成为先进思想交汇的聚集地，这正是我们的使命和价值所在。

CHEERS

湛庐阅读 App 使用指南

读什么

- 纸质书
- 电子书
- 有声书

与谁共读

- 主题书单
- 特别专题
- 人物特写
- 日更专栏
- 编辑推荐

怎么读

- 课程
- 精读班
- 讲书
- 测一测
- 参考文献
- 图片资料

谁来领读

- 专家视点
- 深度访谈
- 书评
- 精彩视频

HERE COMES EVERYBODY

下载湛庐阅读 App
一站获取阅读服务

版权所有，侵权必究
本书法律顾问　北京市盈科律师事务所　崔爽律师

HYAKUNEN MENTARU by Jiro Iiyama
Copyright © 2021 Jiro Iiyama
Original Japanese edition published by Daiwashobo Co., Ltd.
Chinese (in Simplified character only) translation copyright © 2024 by Beijing Cheers Books Ltd.
Chinese (in Simplified character only) translation rights arranged with Daiwashobo Co., Ltd through BARDON CHINESE CREATIVE AGENCY LIMITED, HONG KONG.
All rights reserved.

浙江省版权局图字：11-2024-391

本书中文简体字版经授权在中华人民共和国境内独家出版发行。未经出版者书面许可，不得以任何方式抄袭、复制或节录本书中的任何部分。

图书在版编目（CIP）数据
做个情绪稳定的成年人 /（日）饭山晄朗著；唐燕译. -- 杭州：浙江科学技术出版社，2024.10. -- ISBN 978-7-5739-1499-6
Ⅰ. B842.6-49
中国国家版本馆 CIP 数据核字第 2024G4Z617 号

书　名　做个情绪稳定的成年人
著　者　[日] 饭山晄朗
译　者　唐　燕

出版发行　浙江科学技术出版社
地址：杭州市环城北路 177 号　邮政编码：310006
办公室电话：0571－85176593
销售部电话：0571－85062597
E-mail:zkpress@zkpress.com
印　刷　天津中印联印务有限公司

开　本　880mm×1230mm　1/32　**印　张**　6.625
字　数　142 千字
版　次　2024 年 10 月第 1 版　**印　次**　2024 年 10 月第 1 次印刷
书　号　ISBN 978-7-5739-1499-6　**定　价**　69.90 元

责任编辑　陈　岚　**责任美编**　金　晖
责任校对　张　宁　**责任印务**　吕　琰